前言

在我国大城市的近郊区都存在着一个较为普遍的景观生态问题，即绿色空间之间的连接较差，外围自然绿地与主城区域绿地缺乏良好的连续性，城区与城郊外围区域景观没能成为有机整体，自然景观生态过程没有得到很好的尊重。随着我国城市化由增量快速发展阶段逐步转型为存量提质优化阶段，郊野公园已经成为越来越多的城市在战略上保存绿色空间的重要手段和城市可持续发展的重要空间基础。目前国土空间规划正处于持续发展和完善的过程中，其中"城镇开发边界"与"生态红线"之间的衔接过渡存在"一刀切"问题，而郊野公园的一系列特点可以在城镇开发和生态保护之间取得很好的平衡。因此对已经建立或正在进行规划建设的郊野公园进行一次较为全面的分析和总结，可以从实际操作层面探索和研究这一类型绿地的发展脉络和规划策略，总结出符合郊野公园规划设计的思路、规律和方法。

本书通过对香港、深圳、北京、上海四个城市的近 50 个郊野公园的实地调研，采用理论和实际结合、宏观与微观相辅、多学科融贯等方法，建立、完善我国郊野公园规划的理论，并在多个层次针对郊野公园进行了探讨和总结。

本书分为 6 个章节：第 1 章介绍郊野公园的定义和产生规律；第 2 章阐明郊野公园与城市所存在的空间关系类型和发展时序模式；第 3 章在问卷调查和数据分析的基础上，总结郊野公园基本特征；第 4 章阐述郊野公园在可持续发展中的作用和价值，并从保障机制的角度探讨郊野公园管理问题；第 5 章基于香港、深圳、北京、上海等地郊野公园的规划与实践，总结郊野公园规划方法；第 6 章介绍我国 20 处具有代表性的郊野公园规划设计案例。

这是一本系统介绍如何规划和设计郊野公园项目的工具书，希望通过了解书中郊野公园的实践经验和规划方法，让大家能够更多地关注和参与到郊野公园的建设和维护工作中。借由此书，我们希望在国家生态文明战略与环境建设的大背景下，促进郊野公园研究的系统化、应用化、产业化，能够对我国郊野公园的规划、实践和管理工作起到一定的积极作用。

目 录

郊野公园
规划研究

朱　江
贾建中　著
王忠杰

Country Park

Planning in

China

中国建筑工业出版社

1

郊野公园的概念

1.1 郊野公园的定义

1.1.1 过往对郊野公园的定义

随着我国各大城市郊野公园建设进程的加快，近年来"郊野公园"在中国已被广泛提及，但对这一概念的内涵，国内外学者还没有形成一个统一的定义，不同学者由于学科背景和理解角度的不同对郊野公园的定义也有所不同。

英国的第一部乡村法中规定，认证郊野公园的主要指标有：①易于机动车辆和行人到达；②提供必需的基础设施，包括停车场、公厕等；③由法定机构或私人机构经营管理。

英国朗文地理词典对郊野公园的解释为：约 $10hm^2$ 的一片土地（有时有水），面积远小于国家公园，免费供公众游憩使用，通常设有自然游步径且沿途设有标志牌，大部分郊野公园提供一些动植物科普信息。

爱尔兰环境和遗产服务中心把郊野公园作为一个提供郊外休闲的便利场所。

英国《旅游与游憩规划设计手册》对郊野公园的定义是：在城市边缘区，土地比较便宜和容易获得的地区。

泰国的郊野园林，主要是指规模上小于风景区、国家公园和保护区而大于城市公园，在区域性风景园林群落范围内或城市以外的中小型公园、天然动植物园、科普性的专题公园、佛教寺庙园林、皇宫离宫别苑。

在我国，香港的郊野公园发展最早。《港澳大百科全书》中将郊野公园定义为：远离市中心区的郊野山林绿化地带，开辟郊野公园的目的是为广大市民提供一个回归和欣赏大自然的广阔天地和游玩的好去处。

我国行业标准《城市绿地分类标准》CJJ/T 85—2017 将郊野公园归属为区域绿地大类的风景游憩绿地中类（包括风景名胜区、湿地公园、郊野公园、森林公园、其他风景游憩绿地等），并将"郊野公园"定义为：位于城区边缘，有一定规模，以郊野自然景观为主，具有亲近自然、游憩休闲、科普教育等功能，具备必要服务设施的绿地。这类绿地不参与城市建设用地平衡，它的统计范围应与城市总体规划用地范围一致。郊野公园在地理区位、面积规模、景观资源、生态特性等方面与其他公园（森林公园、城市公园、风景名胜区、国家公园）都有所不同。

我国一些省市出台了指导当地郊野公园设计和建设的标准，如上海市的《郊野公园设计标准》DG/TJ 08-2335—2020 J 15386—2020、《湖北省郊野公园设计标准》T/HBKCSJ 3—2021 等提出，郊野公园是指以本市城郊农村地区的农田、林地、绿地、水系、湿地、自然村落、历史风貌、野生动植物等现有生态人文资源为基础，通过实施土地、环境综合整治并建设必要的配套服务设施，形成可供休闲游憩等活动的开放式生态郊野空间。

李德根对香港的郊野公园做了如下定义：指在城市近郊的郊野地区划定的区域，集环境保育、休憩、康乐和自然教育的用途于一身，并且其划定和发展具有法律基础，并由特定的政府部门在郊野公园的规划、发展、管制及管理工作中行使法律赋予的权利。

维基百科全书中对香港的郊野公园定义如下：是指由香港特区政府将市郊未开发地区的土地划出，作为康乐及保育用途的公园，其地位与国家公园相若。

易澄从地理区位和绿地性质的角度出发，认为郊野公园是城市近、中、远郊较大面积的原始状态的自然景观区域，是介于城市公园和自然风景区中间状态的园林绿地。

沈祖祥从生态作用和旅游资源的角度定义郊野公园：位于城市边缘和近郊，以自然生态系统为主体的旅游区域，有的又被称为"城市森林"或"水源涵养地"。

丛艳国等从景观要素特征的角度对郊野公园做出定义：郊野公园是指位于城市外围近、中郊区绿化圈层，具有较大面积的、呈自然状态的绿色景观区域，包括人为干扰程度小的传统农田、处于原始或次生状态的郊野森林自然景观等。

刘海陵从功能的角度对郊野公园下定义：郊野公园是在城市的郊区划定的区域，内部有良好的绿化及一定的服务设施，向公众开放，是以防止城市建成区无序蔓延为主要功能，兼具保护城市生态平衡、提供城市居民游憩环境以及开展户外科普活动的场所等多种功能的城市绿地。

张婷等从开发角度对郊野公园下定义：位于城市近郊，在城市规划区之内、城市建设用地以外，以自然景观和乡村景观为主体，生态系统较稳定，由政府主导和财政投资，经科学保育和适度开发后具有少量基础设施，为周边城镇居民提供郊外游憩、休闲运动、科普教育等服务的公众开放性公园。

林楚燕在《郊野公园的地域性研究》中根据我国的实际情况和《城市绿地分类标准》CJJ/T 85—2017，定义郊野公园为：城市建设用地以外，位于城市郊区，以自然景观为主体，或经一定时间的生态保护、恢复后具有良好自然生态环境，经科学保育和适度开发，为人们提供郊外休闲、游息、自然科普教育服务的公众开放性公园。

陈永宏在其硕士论文中对郊野公园做出如下表述：郊野公园是指位于城市规划区域内的，城市边缘或近郊的，以自然风光为主的自然景观区域，以生态系统保护、游览休闲、康乐活动和科普教育为功能的开放性公园。郊野公园是介于城市公园和自然风景游览区中间状态的园林绿地，是位于城市外围的绿化层，对改善城市热岛效应和城市生态、美化城市景观背景起了很大作用，与城市绿地系统中的绿点、绿线、绿面构成完整的城市生态环境绿化体系。

通过对国内外郊野公园定义的分析发现，目前郊野公园的定义有以下几个特点：

（1）定义的深浅不同。有的定义要素很多，如对区位、生态、景观、状态、功能、形态等都加以描述，有些则很粗略地指出其某一特征。

（2）定义的出发点不同。国外对郊野公园的定义主要基于一些如面积、区位等可量化的特征；国内大多数学者三要是从景观、生态的角度对郊野公园进行定义，还有很多定义主要针对某个城市或地区。

（3）定义的核心不突出。虽然各项定义对郊野公园的一些特征具有普遍共识，但没有突出重点。以上定义对郊野公园特征的共识包括：与城市有一定距离、自然野趣、提供居民休闲游憩的环境、面积较大。

1.1.2 郊野公园与城市公园、风景名胜区的比较分析

郊野公园是介于城市公园与风景名胜区之间的一种绿地类型。

公园是完善城市四项基本职能中的"游憩职能"的重要基地，又是健全城市生态的重要组成部分。在越来越重视生态环境，而城市公园与绿地面积增加难度较大的今天，郊野公园无疑会逐渐成为市民游憩活动的基地，担当健全城市生态的主要生力军。因此，需要在特征上将郊野公园与城市公园加以区别。

风景名胜区（scenic area）也称"风景区"，是中国特有的，指风景名胜资源集中、自然环境优美、具有一定规模和游览条件，经县级以上人民政府审定命名、划定范围，供人游览、观赏、休息和进行科学文化活动的地域。从形式和功能上讲，郊野公园与风景区有相似之处，但两者由于性质和定位的不同，必然产生规划和具体建设方面上的差别。

笔者通过郊野公园、城市公园、风景名胜区等规模案例的比较，从具体情况入手，分析郊野公园与城市公园、风景名胜区之间的异同点，从而总结郊野公园的特征和规律。

为了更好地分析郊野公园与其他绿地类型的特征，笔者引入"可游面积"和"可游率"的概念。公园可游面积是指在公园范围内，能够允许游人进入，并开展游乐活动的地区范围，如道路、公共建筑、广场、运动场、可进行水上游憩的湖面等。可游率即可游面积与公园总面

积的比例。可游率概念的引入用来表达公园中不同性质用地的密度，体现公园的不同功能。

1. 郊野公园与城市公园

通过对郊野公园与城市公园进行比较分析，发现郊野公园与城市公园主要在建设地点、规模、资源、空间营造和游憩内容 5 个方面有明显的区别特征（表 1-1）。

同等规模郊野公园与城市公园案例比较分析 表 1-1

公园名称	公园类型	面积（hm²）	绿地率（%）	可游面积（hm²）	可游地类型	可游率（%）	绿地风貌
金山郊野公园（香港）	中型郊野公园	337	＞95	4	道路、游憩设施用地、服务设施用地	1	山体次生生态林
龙虎山郊野公园（香港）	小型郊野公园	47	＞95	1.5	道路、游憩设施用地、服务设施用地	3	山体次生生态林
高鑫公园（北京）	小型郊野公园	40	91.50	3.2	道路、运动场地、小型广场	8	绿化隔离绿带改造
朝阳公园（北京）	大型城市公园	288.7	87	98	公共建筑、广场、运动场地、道路、湖面	31	人工植物造景
紫竹院公园（北京）	中型城市公园	45.7	85	19	公共建筑、广场、游憩设施用地、道路、湖面	40	人工植物造景

（1）建设地点

城市公园均位于城市建成区；郊野公园均建在城市边缘区、郊区，不占用城市建设用地。

（2）公园规模

郊野公园占地面积一般大于 40hm²，规模以 300~3000hm² 的居多；城市公园类型多样，规模也不尽相同，但一般占地面积不会超过 400hm²。

（3）生态资源

城市公园往往规模小，自身难以形成稳定可靠的生态系统；而郊野公园经科学的规划，利用大面积的生态资源基底，可以涵养水源、增加生物多样性、优化生态环境，使城市周边形成稳定的生态系统以成为可供永续利用的自然资源。生态系统是郊野公园的一大特征，城市公园一般不具有野外生态学的意义。

（4）空间营造

城市公园的可游率较高，一般在 30% 以上，绿地率一般大于 75%；郊野公园可游率通常在 10% 以下，绿地率一般大于 90%。

城市公园的景点景观以人工环境为主，主景多为大型人造景点，如喷泉、草坪、假山、人工湖等；植物配置求新求美，常设人工修剪的各种形状的绿篱和按季节更换花卉的花坛花境，大量引种游人爱看的外来树种和奇花异草。郊野公园的景点景观充分利用已有风貌，以自然景观为主，突出自然野趣，园内不设置大型人造景点；植物配置以本土植物为主形成植物群落，为野生动物创造自然生境。

（5）游憩内容

城市公园提供传统游憩活动的场所和设施，郊野公园主要提供户外郊游等较为单一的游憩资源。

在游憩设施方面，城市公园内园林建筑较多，公厕和运动、展览场馆等的设计建造常与城市协调，园林小品中多见金属制品。郊野公园则注重野趣，除入口处有游客中心、小卖部，园内有少量公厕、烧考炉、休息亭外，公园中其他建筑很少，且园林小品多为自然材料制作，尽量贴近自然，与环境融合。

2. 郊野公园与风景名胜区

通过分析比较，郊野公园与风景名胜区主要在空间、规模、环境资源、景观营造和游憩内容 5 个方面有明显的特征区别（表 1-2）。

同等规模郊野公园与风景名胜区案例比较分析　　　　　　　　　表 1-2

名称	规模类型	面积（hm²）	道路总长度（km）	车行道长度（km）	游览道长度（km）	景点数量（处）	设施数量（处）
西贡东郊野公园（香港）	大型郊野公园	4477	163.26	9.36	153.9	44	56
城门郊野公园（香港）	中型郊野公园	1400	56.26	12.08	44.18	45	21
塘朗山郊野公园（深圳）	中型郊野公园	1021	38.125	6.897	31.255	35	14
岳麓山风景名胜区（长沙）	中型风景名胜区	3520	73.96	34.9	39.06	72	33
南阳独山风景区（南阳）	小型风景名胜区	943	17.2	4.2	13	16	14

（1）空间属性的区别

风景名胜区是一个独立的环境体系，有独立的立法、规划、建设、管理系统，以及具有保护地和游憩地功能的资源系统，承担保护培育、生产、科学研究、游赏观光等功能。郊野公园是非独立存在的环境体系，其出现、发展、变化与城市的发展息息相关，其规划、建设和管理很大程度上与城市土地关系、城市空间布局、市民游憩行为特征、城市环境等存在必然联系。郊野公园的外在功能是为市民提供亲近自然、游憩、郊野、保健、释放压力等的生态环境，内在功能与城市功能相衔接，对城市的功能布局、市政设施、土地关系、空间引导、环境保护等起到重要的协调作用。

（2）规模

风景名胜区一般规模较大，通常以"平方公里"为单位；郊野公园相对较小，以"公顷"为单位。

（3）环境资源

风景名胜区的资源条件一般要优于郊野公园，尤其是国家级风景名胜区，是能够体现国家特殊风景价值的地区。多数郊野公园是由次生生态林、苗圃林等发展而成的，资源条件相对较差。由于郊野公园设立目的的多样化，个体间差异较大，对资源条件的选择就不会十分严格，有些本底条件较好的郊野公园，通过良好的保育和恢复，也会形成优越的风景。深圳梧桐山郊野公园就在建设中，不断完善景区的资源条件和游览品质，最终被列入第七批国家级风景名胜区名录。而有些郊野公园则是因城市整体系统结构的需要而设立，本身并无具有特别意义的环境资源，这样的郊野公园就不能用风景名胜资源标准来评价。

（4）景观营造

风景名胜区景点的设置是以"观赏"为目的，让游客欣赏风景；郊野公园设施点的设置是以"感受"为目的，让游客体验郊野。这是依据游客行为特征区别所产生的景观营造特点，风景名胜区突出"景源"，郊野公园意在"环境源"。

（5）游憩内容

风景名胜区的景点密度比郊野公园游憩点密度低，这是由于风景名胜区的景点只能依赖景源，而郊野公园游憩点种类比较多也灵活。风景名胜区要提供大环境——风景，也提供小环境——景点，因此受到的局限性较大；郊野公园主要提供的是大环境，游人可以主动营造适合自己的小环境，因此游憩点的选择比较灵活。故在同等规模上郊野公园比风景区的游憩路径要更长，设施点或景点要更多。

从以上描述可以看出，资源禀赋是决定风景名胜区的唯一依据，包括重要的自然景观及其环境、人文景观及其环境以及自然与人文结合的风景地域。郊野公园同时具备城市关联性和资源地域性，两者缺一不可，这就导致了其与风景名胜区资源特征相异。郊野公园必须在城市周边或者距离城市不远的具有一定景观风貌的区域，由于受制于地理区位，一般来说，郊野公园的环境特色与自然条件要远逊于风景名胜区。郊野公园的公园属性使其不具备风景名胜区那样严格保护的标准和要求，虽然有生态保育区，但主要也是为了营造郊野氛围，创造供游人徒步、野营的基地条件，因此郊野公园基本上都允许游人进入，只是在利用强度上给予了不同要求，并且对不同场所上的游人的活动类型给予了界定。

1.1.3 郊野公园的定义

笔者通过对多个城市郊野公园的实地考察以及其与同类型绿地的比较后，将郊野公园定义为：位于城市边缘区，有一定规模，绿地率较高，具备一定生态特征，以郊野自然环境为主的公园（图 1-1）。

郊野公园的功能，简言之，就是以低成本、可达性强的特点为城镇居民提供亲近自然、有氧健身的场所，能保护郊野和乡村景色、丰富城市功能；保护大都市区边缘的农田、果园、绿地、水系等绿色资源或绿色空间，使其成为城市的生态屏障；同时对城市从外延式扩张向内涵式增长的转变起到积极影响。

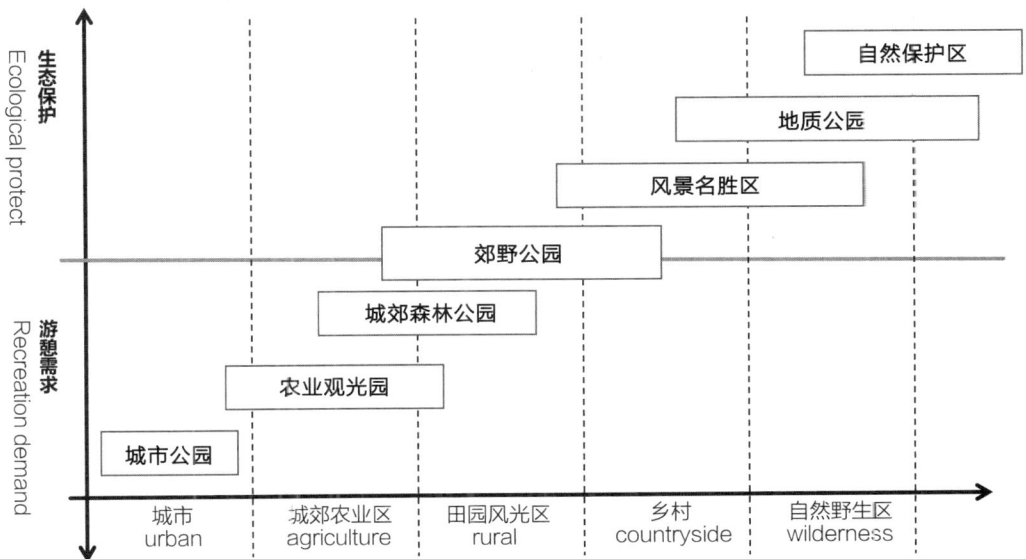

横坐标系统来自Tseira Maruani的《开放空间研究》

图 1-1 郊野公园定义分析

1.2 郊野公园的分类

郊野公园在国外和我国香港地区较早时期已经存在，但没有进行分类。我国内地郊野公园的建设刚刚起步，分类尚无统一的方法和标准，另外由于各地域在地理地貌、气候条件、动植物分布等方面都存在很大的差异，郊野公园营造方式也不尽相同，不同学者对郊野公园的分类也各抒己见。

1.2.1 《旅游与游憩规划设计手册》中的分类

在英国《旅游与游憩规划设计手册》中，按照功能不同将郊野公园分为 3 类：

（1）郊野游憩公园。主要提供户外游憩的基本设施、举行特殊的节事活动。如创设了营地、儿童游戏场、植物园、生态博物馆等场所以进行划船、野餐、健身等活动。

（2）郊野休闲公园。除郊野游憩公园的基本活动外，郊野休闲公园创设了多样场所以扩展娱乐项目，包括洗浴场所、露天游泳池、剧院广场、餐馆、咖啡厅等。

（3）郊野运动公园。运动导向的游憩公园，将标准运动场和大众化的游憩兴趣结合起来，游憩区里的运动场地为俱乐部活动、运动爱好者及其他类型的游憩使用者们提供了更好的活动条件，从而提高常规运动者与家庭游憩者的兴趣和参与性。

1.2.2 按景观特色和地貌形态分类

陈永宏尝试按景观特色和地貌形态两方面对郊野公园进行分类。

1. 按景观特色分类

（1）森林景观型郊野公园。以森林风景取胜，而山水风景一般，人文景观没有或很少。如香港的大帽山郊野公园、深圳的塘朗山郊野公园与马峦山郊野公园等。

（2）湿地景观型郊野公园。以湿地植物、水生植物和水景构成的湿地景致为主，森林风景、山水风景一般，人文景观没有或很少。如澳门的黑沙水库郊野公园、九澳水库郊野公园等。

（3）山水景观型郊野公园。以奇山秀水为特色，自然风光最为诱人，森林风景、湿地风景一般，人文景观没有或很少。这里的"秀水"不仅包括淡水水景，也包括咸水即海水水景。如香港的船湾郊野公园、南大屿郊野公园、北大屿郊野公园以及澳门的石排湾郊野公园等。

（4）田园风光型郊野公园。以城市郊区的田园风光吸引游人，森林景观一般，人文景观没有或很少。

（5）综合景观型郊野公园的景观类型多样，森林风景、山水风景、田园风光等都比较突出，旅游资源最为丰富。

2. 按地貌形态分类

（1）山地型郊野公园。为选址在山地的郊野公园，以山地为主，平地较少。如深圳市银湖山郊野公园、塘朗山郊野公园、马峦山郊野公园。

（2）平地型郊野公园。建设范围内以平地为主，山地很少。

（3）江河型郊野公园。是位于大江大河或河溪沿岸的郊野公园。

（4）湖库型郊野公园。是含有大型天然湖泊或人工水库的郊野公园，并且其占地面积最大，如澳门黑沙水库郊野公园。

（5）海滨型郊野公园。将海滨划作郊野公园，以海边区域为主。

1.2.3　按与国外公园类型的比较分类

江俊浩通过与国内外公园类型的比较对郊野公园进行了如下分类（表1-3）。

郊野公园的分类 表1-3

类型		相似名称	内容与职能
郊野公园体系	郊野综合公园		具有多种景观类型，是具有保护城市生态环境和生物多样性、防止城市无序蔓延、自然科普教育、康体休闲等综合功能的郊野游憩地
	郊野湿地公园		利用现有或已经退化的湿地，通过人工恢复或重建湿地生态系统，按照生态学规划来改造、规划和建设的郊野湿地
	郊野地质公园		位于城市规划区范围内、城市建设用地之外的，以保护特殊地质遗迹为目的的公园
	郊野森林公园	近郊森林公园	位于城市规划区范围内、城市建设用地之外的，以森林为主题和主体的公园
	农业观光园	农业公园、观光农园	以自然风景、农田景观和部分人工景观为主题，以农家体验式游憩为特点，有一定设施的公园
	墓园	公共园林墓地	城市公共墓地，有一定的绿化和设施
	其他郊野公园		除了以上类型外，位于城市规划区范围内的郊野公园类型，如海岸公园、旅游度假区、野生植物园以及包括高尔夫球场在内的新型郊野运动公园等

1.2.4 其他分类形式

张婷、车生泉立足于建设模式，将我国郊野公园分为城郊森林模式、生态林模式、环城游憩带模式、乡村田园模式。

表 1-4 为从城市发展的角度根据郊野公园不同类型的特征进行的分类，从景观风貌上来看，香港、深圳的郊野公园更偏向于风景区、国家公园、森林公园等自然资源优越的游憩地类型，北京、上海的郊野公园多类似城市公园。

城市发展角度下的郊野公园类型　　　　　　　　　　　　表 1-4

类型	主要功能	应用范围	主要特点	绿地类型	代表城市
生态保育型	生态、科研、教育、游憩	周边环境优良的城市	生态资源优越，接近人群，使用率高	郊野公园、森林公园、自然保护区、风景区	香港
自然边界型	生态、防护、游憩、导控城市形态	新城、镇	各种功能、各种层级的网络化布局，使用率适宜	城市组团隔离带	深圳
环境保护型	防护、导控城市形态	城市特定区域，城市外围	绿带、绿楔等形态概念，使用率适宜	城市绿化隔离带	北京
经济生产型	经济、游憩功能为主	城市近郊	对区域发展有带动作用，使用率高	楔形绿地、滨水绿地、都市农业园	上海

1.2.5 本书对郊野公园的分类——城市发展角度下的郊野公园类型

笔者通过实地踏勘、规划设计案例比较以及公园发展历程研究，结合以往郊野公园分类的见解，从 4 个不同的角度，对郊野公园进行了分类（表 1-5）。

郊野公园的分类　　　　　　　　　　　　表 1-5

分类依据	类型	备注
根据城市需求和公园职能分类	生态保育型、隔离绿地型、环境保护型、游憩经济型	将郊野公园分为 4 种类型，分别对应了城市的 4 种需求
根据规模等级分类	特大型郊野公园（＞3000hm²）	据统计，香港郊野公园面积在 47~5640hm²，深圳郊野公园面积在 70~12310hm²，北京郊野公园面积在 10.6~787hm²，上海郊野公园面积在 200~700hm²
	大型郊野公园（1000~3000hm²）	
	中型郊野公园（300~1000hm²）	
	小型郊野公园（＜300hm²）	

12

分类依据	类型	备注
根据生态资源条件分类	非生态型	非生态型郊野公园是根据北京、上海等郊野公园的生态特征划定的，这两个地区的郊野公园主要以平原林地的形式为主，风貌上更趋近于城市公园，主要是片林、绿化隔离带、苗圃地改造而来，与其他地区郊野公园相比，生态较为单一；上海部分郊野公园和深圳多数郊野公园是具备一定生态系统基础的，因此划分为生态型；香港郊野公园发展时间较长，资源丰富，动植物种类多样，可划分为生态多样型
	生态型	
	生态多样型	
根据景观条件分类	山体型、平原型、河流型、森林型、湿地型、草原型、海岸型、岛屿型、地质型、田园型	郊野公园的本底资源主要有山体、林木、水景、田园等，能够具备其中某一种要素即可建立郊野公园。北京"公园环"郊野公园，本底条件是发展多年的苗圃；一般的郊野公园面积较大，范围较广，可同时具备多种要素，景观要素数量越多，公园的品质也就越好，如香港、深圳的自然郊野公园

1.3 郊野公园产生的动力机制

1.3.1 郊野公园产生的原因

郊野公园的产生是城市发展的现实性选择，虽然具体的产生原因和环境各不相同，但无外乎两种诉求：生态环境保护和城市快速发展。

1. 生态环境保护

以香港为例，随着社会环境的变化，香港本地的林木需求不增反减，树木迅速生长，总有山火发生。当时，全球都在盛行建立国家公园之风，"国家公园"和"自然保育"几乎成了国际的风尚，香港也逐步开始谋划本地生物多样性保护、水土保持、灾害防治、气候调节、科研监测等工作，并提出郊野公园规划的思路与目标（图 1-2）。

图 1-2 香港西贡东郊野公园

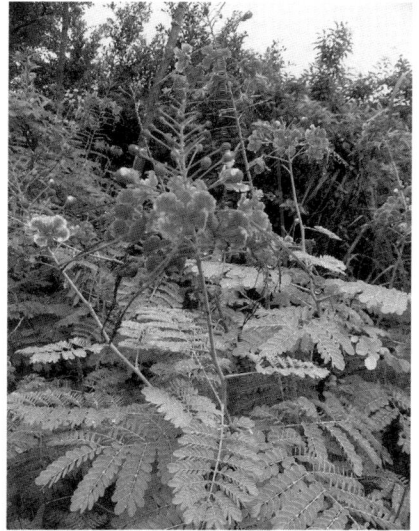

图1-3 塘朗山郊野公园的野生植被

与香港毗邻的深圳，城市组团间的绿地成为市民周末爬山的好去处，但由于没有登山路线和保护设施，游客登山迷路、遇劫、被蛇咬伤等事故时有发生，有些安全意识不强的游客在山上吸烟、随意烧烤等行为也会导致山林火灾。基于对山体环境以及游人安全的考虑，深圳效仿香港郊野公园的形式，在保护郊野环境的同时提供一些基本游憩设施。

随着人口不断增加，土地的使用范围和使用程度也相应增加。在人口稠密的珠三角、长三角地区，不少丘陵山地的资源已为人所大加利用，村民多在其中砍柴伐木以作柴薪，有为挖土采石而将大片山坡削掉的，也有在地点较好的区域开田耕种的。这些现象在乡郊地区并不少见，此类不受控制的土地开发与利用对环境的破坏相当严重。近年来，每到雨季，都要面临洪水的威胁，这与乱砍滥伐、无序开发都有很大关系。

还有一个生态学的观点：相比森林生态系统，由于郊野公园地处城市周边，生态系统往往更复杂、生态位更多、生态多样性更加全面（图1-3），濒危物种分布在这些区域较多，如果没有危机感和保护意识，这些地区的生态多样性将会受到严重危害。因此，保护自然生态环境是建立郊野公园的主要原因之一。

2. 城市快速发展

伴随城市发展，农村人口向城市转移，城市人口急速膨胀，而北京郊区的迁入人口和流动人口的居住稳定性逐渐增加，带来了对公共服务、生活环境条件，包括公共绿地在内的需

图 1-4　北京京郊人口的居住状况（2010 年）

求的增加（图 1-4）。与此同时，北京城市形态扩张日益严重，需要通过一些规划上的手段对城市扩张趋势进行干预。建设郊野公园是北京城市化中期的必然选择。

上海人多地少，在城市发展过程中绿化用地与城市用地之间的矛盾十分突出，特别是在中心城区大规模增加绿地的难度更大，征地动迁费用会占绿地总支出的 90% 以上。在如此紧张的土地利用条件下，只有增加城市边远区及外环的绿地面积、发展郊野公园才是解决城市绿化用地紧张的重要途径。

城市化给人们的生活带来更多的物质享受，却也拉大了人与自然的距离。面对城市的紧张工作和快节奏的生活，城市居民承受着身心双重压力。因此，回归自然、在郊野田园等野趣之间放松身心、陶冶情操成为城市人的内心渴望。受双休日的时间限定，城市居民的周末休闲活动主要选择在距市区一两小时车程的地方，而不是难以到达的路途较远的风景名胜区。郊野公园的出现正好迎合了城市居民的游憩需求，有助于丰富市民的精神文化生活内涵。

游憩的发展应与城市的经济发展同步，就像很多发达城市，人民生活水平提高了，但能让人们尤其是年轻人休闲健身的地方却不够。从某种程度上讲，这可能会蓄积成为无适当途径消耗的力量，而引致对社会的破坏和不安因素。郊野公园的建立能够让自然教育有实实在在的场所，青少年们通过实地的自然教育，能认识到维持更多的自然环境便等于为自己创造更美好的生活环境。

我们的生活环境并不能只靠工厂生产得来，每建设一处人工环境，便要失去一处自然环境，何况今天的自然环境已不多。

因此，城市快速发展是催生郊野公园的另一个主要原因。

郊野公园规划研究

1.3.2 郊野公园产生的 3 个阶段

在实地考察、文献检索、历史资料研究和专家访谈的基础上，笔者将郊野公园的产生过程归纳为 3 个时期：前郊野公园时期，郊野公园思想引入期和郊野公园建立期（图 1-5）。

（1）前郊野公园时期：一般是郊野公园之前的人工绿化建设时期。该时期较长，属于郊野公园基本条件的储备期，并且在这一时期末，郊野公园选址范围内一般会具有一定程度的生态系统。

（2）郊野公园思想引入期：一般是指决策者对待城市生态环境的思想变革的时期。郊野公园是保护环境思想产生的结果，因此这一时期对以后的发展影响甚远。该阶段包括了选址调研、讨论和分析如何建立郊野公园、发展游憩功能的可行性以及如何划定郊野公园范围、分区和制定生态保护计划和空间发展规划等内容。

（3）郊野公园建立期：一般是指郊野公园的建设时期。这一时期往往与城市发展有很大关系，主要是将郊野公园的范围落地，并建设郊野公园所需的设施。

值得注意的是，由于地理、气候、城市发展等诸多原因，北京在隔离带建设时期没有形成有效的生态系统，目前隔离带地区仍然以单一的苗圃地为主，对于郊野公园建设，这无疑是一大缺憾。因此北京在建立郊野公园的过程中应将工作重点放在生态恢复方面，以期达到郊野公园需具备的生态特征。

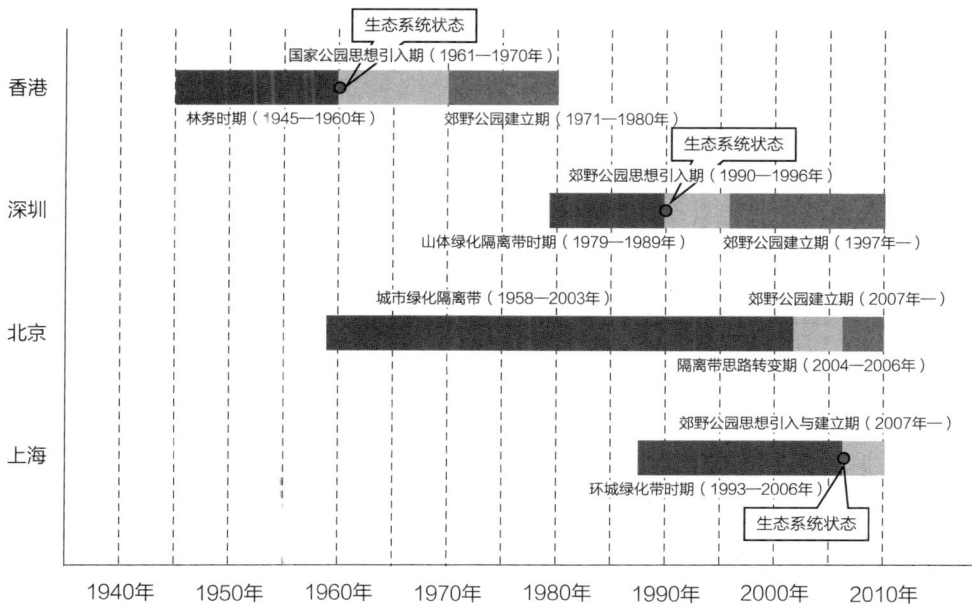

图 1-5 香港、深圳、北京、上海郊野公园发展阶段

实际上，郊野公园是在不改变原有林地形态的前提下，加入了一定的园林理念，使得这些原来与城市联系较少的地方成为城市的一部分，通过规划和管理，使之纳入城市的发展过程，让其与城市的关系更加紧密，并使之演化为城市中的重要角色。伴随郊野公园的建立，生态保育思想仍在延续，尽管具备公园的某些特征，但郊野公园的主要目的仍然是生态环境的保护，保护与利用同样重要。从另外一个角度来讲，能够给予人们真实的郊野感受是必须建立在良好的、经过了长时间保育的生态环境基础上。因此，郊野公园的建立应达到某种平衡，即在郊野资源足够丰富、保育程度足够成熟时，才可以以郊野公园的概念来建设，这同样也能够解释郊野公园建立时间的问题。

1.3.3 郊野公园产生的相关规律

1. 从造林向公园的转化

城市林带的最大问题在于，没有分析传统林业发展思路应用于城市和其他地区是有区别的，一般的林业建设没有透彻地理解市场经济下城市的强大作用力和吸引力。

由于边界不明确、产权不明确、管理不明确等问题，城市林地经常出现无法管控的混乱状态：许多林地被用于城市建设，原本的绿地、河道、湿地被城市的铺装和硬化工程所替代，而一些较为优美的自然景观也被房地产商开发和圈占。究其原因，就是没有把这一类型用地纳入城乡发展与规划的统筹决策中来，没有把这些土地当作城市用地的组成部分之一，却理想地寄希望于通过这样的绿带能够阻止城市蔓延，这本身就是相悖的。

郊野公园是在没有影响到城市林地防护、环保等功能的前提下，通过规划和管理将这一地区转化为具有城市功能的用地，同时也就能够被城市所吸纳和覆盖，大大改善这些地区的保护程度。在郊野公园建设和管理的模式下，通过满足城市居民的游憩需求，会使越来越多的人关注这些地区，保护和监督也就变得更加灵活和有效。

因此，一般在林业发展出现问题时，城市开始建设郊野公园。

2. 产生于城市经济繁荣期

郊野公园的建立与城市的社会和经济发展水平、人口数量、城市空间发展有直接关系：香港 1971 年开始发展郊野公园，当时的香港人均 GDP 已经超过 1000 美元（以现时汇率

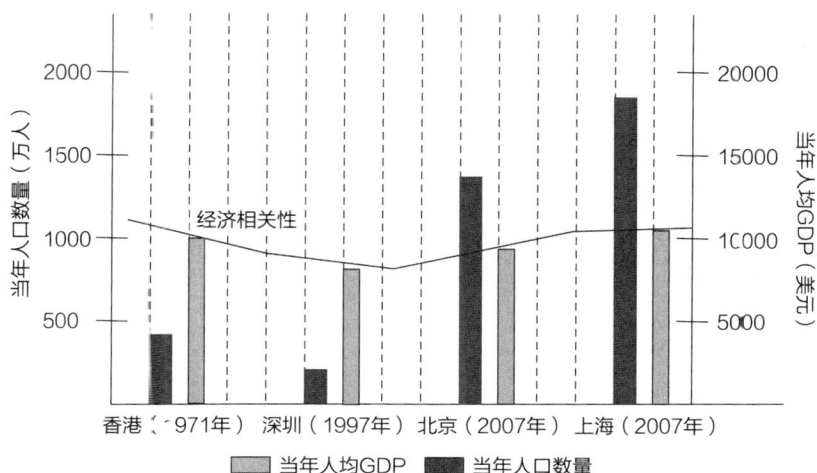

图 1-6 郊野公园产生的经济相关性

超过 10000 美元）；深圳 1996 年人均 GDP 接近 8000 美元；北京 2007 年人均 GDP 突破 8000 美元；上海 2007 年人均 GDP 已经超过 10000 美元（图 1-6）。

3. 产生于快速城市化时期

本书研究的四座城市郊野公园的建立时间都是在城市化发展较快、对城市土地有大量需求、城市空间拓展强烈的时期。

香港 1971 年城市人口数量达到 400 万，当局开始发展新市镇，对土地的需求大量增加；深圳 1990 年人口数量突破 200 万，1996 年城市总体规划中城市空间战略提出"全境开拓"；北京 2007 年城市人口数量达到 1400 万，包括城八区外的京郊地区在内，全市房地产价格一路走高；上海 2007 年城市人口数量为 1858 万，是内地人口密度最高的城市。

因此，郊野公园大多是在城市化发展的中期，即土地需求最强烈的时期所划定的。这样大面积的征地必然会面临很大的外部压力和挑战，所以此时也需要重视针对城市自然环境的决策，以便迅速和顺利地落实郊野公园计划。

城市化是催生城市自然遗留地的直接原因，这些城市在发展的特定时期中选择了郊野公园，其主要原因有以下几个方面：

（1）社会稳定，政府财政比较充裕，面对郊区的土地财政、生态保护、游人等各种压力，有各方面舆论要求政府加以管理，防止城市生态防护绿地进一步遭受破坏。

（2）城市发展快速时期，人口结构偏向年轻化，社会劳动阶层的有薪假日逐渐普及，余暇较多的市民不仅需要日常起居生活，还需要户外康乐活动空间。

（3）郊野公园是保护城市周围生态用地的理想方式，选择建设郊野公园而不是划作风景名胜区、自然保护区或者城市公园，是因为郊野公园具备很多适合该类土地的优势特征。

30年前的决策和规划，给香港约4成土地提供了完善的保护，并且在以后的城市发展和建设中发挥着重要作用。深圳从建城初期就开始规划郊野公园，是内地最早建立郊野公园系统的城市。近年来，北京的"公园环"规划，上海的长藤结"瓜"规划，则是平原城市在郊野公园建设方面进行的探索和尝试。

笔者研究的4座城市都有同一个特点，即人口众多、土地有限，是我国经济发展重点城市。这些城市却都在城市高速发展时期选择了划定大面积土地来发展郊野公园，提出保护城市生态资源，提供给市民教育和康乐的新环境。这无疑是我国在城市发展史上具有重要而深远意义的里程碑式举措。

参考文献

[1]   Michael Dower. Fourth Wave, the Challenge of Leisure: a Civic Trust Survey [M]. London: Civic Trust, 1965.

[2]   HMSO. Leisure in the Countryside: England and Wales [S].London: HMSO, 1966.

[3]   Zetter J A. The Evolution of Country Parks Policy [M]. London: CCP, 1971.

[4]   Bertuglia C S, Tadei R. Stochastic Model for the Use of a Country Park [J].Ecological Modeling, 1982, 15 (2): 87-106.

[5]   Andrew Maliphant, Wendy Thompson. Towards a Country Parks Renaissance [J]. Countryside Recreation, 2003, 11 (2): 2-29.

[6]   Andy Maginnis. Managing Visitor Safety in a Country Park [J].Countryside Recreation, 2003, 11 (2): 10-13.

[7]   David Lambert. The History of the Country Park, 1966-2005: Towards a Renaissance? [J] Landscape Research, 2006, 31 (1): 43-62.

[8]   I-Kuai Hung. Using Gis for Forest Recreation Planning on the Longleaf Ridge Special Area of th Angelina National Forest, East Texas[M]. Austin State University, 2002.

[9]   Audrey N Clark. Longman Dictionary of Geography (human and physical) [M].UK: Geographical publication limited, 1985.

[10] Tseira Maruani, Irit Amit-Cohen. Open space planning models: A review of approaches and methods[J].Landscape and Urban Planning, 2007 (1): 1-13.

[11] 王永忠 . 西方旅游史 [M]. 南京: 东南大学出版社, 2004.

[12] 吴颖 . 郊野公园规划研究 [D]. 武汉: 华中农业大学, 2008.

[13] 曼纽尔·博拉, 弗雷德·劳森 . 旅游与游憩规划设计手册 [M]. 唐子颖, 吴必虎, 等译 . 北京: 中国建筑出版社, 2004.

[14] 张先进 . 泰国风景园林的概貌与特色 [J]. 中国园林, 1999, 15 (6): 74-76.

[15] 童欣 . 泰国风景园林景观的艺术特点 [J]. 艺术百家, 2006 (7): 89-93.

[16] 《港澳大百科全书》编委会 . 港澳大百科全书 (Encyclopedia of Hongkong & Macau) [M]. 广州: 花城出版社, 1993.

[17] 李德根 . 香港郊野公园建设与区域布局的研究 [D]. 广州: 华南师范大学, 1999.

[18] 易澄 . 浅议生态园林与郊野公园 [J]. 中国林业, 2002 (9): 42.

[19] 沈祖祥 . 生态旅游 [M]. 福州: 福建人民出版社, 2002: 129.

[20] 丛艳国, 魏立华, 周素红 . 郊野公园对城市空间生长的作用机理的研究 [J]. 规划师, 2005, 21 (9): 88-91.

[21] 刘海陵 . 郊野公园的基础性研究 [D]. 上海: 同济大学, 2005.

[22] 张婷, 车生泉 . 郊野公园的研究与建设 [J]. 上海交通大学学报 (农业科学版), 2009, 27 (3): 259-264.

[23] 林楚燕 . 郊野公园的地域性研究 [D]. 北京: 北京林业大学, 2006.

[24] 陈永宏 . 郊野公园景观规划设计的研究——以深圳市塘朗上郊野公园为例 [D]. 南京: 南京林业大学, 2007

[25] 江浩俊 . 从国外公园发展历程看我国公园系统化建设 [J]. 华中建筑 .2008, 4: 159-163.

2

郊野公园与城市的关系

本章从城市需求、空间关系以及发展互动等方面阐述郊野公园与城市目前存在的多重关系特征。

2.1 基于不同城市需求的郊野公园类型

2.1.1 空间结构需求—隔离绿地型

郊野公园与城市人工系统可以构成共生的空间结构关系。在这一结构中，郊野公园将城市分割成一定的空间范围，避免或限制城市无序扩张，为城市提供良好的环境，同时也能提高城市土地的利用率。深圳的城市规划之所以能够适应出乎意料的高速发展，其核心就在于它一开始就选择了一个极具弹性的空间结构——带状组团结构（图2-1）。

深圳的"郊野公园"是在山体背景下，于合适的自然山体中设置一些登山道、徒步游径以及相关服务配套设施，以满足周围或城市中心区居民平时或节假日进行登山、野游等游憩活动的需求。因此，深圳的郊野公园在划定后，并没有全部建设，有些生态本底条件和游憩

图2-1 深圳郊野公园空间分布示意图

设施目前并不到位，有些甚至还没有对外开放，但是这些郊野公园对维护城市结构、控制城市形态已经起到了重要的作用。

北京在城市绿化隔离带上建立"公园环"，其主要目的也是为了限制城市无序蔓延，减弱"摊大饼"式发展所造成的不良影响。同时郊野公园作为其空间发展的结构骨架，可以引导新城发展，辅助旧城改造。北京的郊野公园实际上成为"城市空间密度的溶剂"，有机地分解和组织了城市的各个区域，对城市新建区的发展和适应城市生长起到作用（图 2-2）。

大城市地少人多，绿地发展的容量受到较大限制，而空间结构上的不平衡会使城市的承载力面对极大的挑战。绿化用地与城市用地发展产生矛盾，在城市郊区建立郊野公园是破解城市绿地瓶颈的重要途径。上海 2003 年创建国家园林城市成功以后，2004—2008 年 5 年间人均公共绿地面积从 9.16m² 增加到 12m²，人均公共绿地面积增加了 2.84m²；公共绿地面积增量约 3000hm²，平均每年增加 600hm²，其中绿地净增量多数集中在宝山、浦东、闵行、嘉定等边远区以及外环绿带区域中，中心城区增量较少。

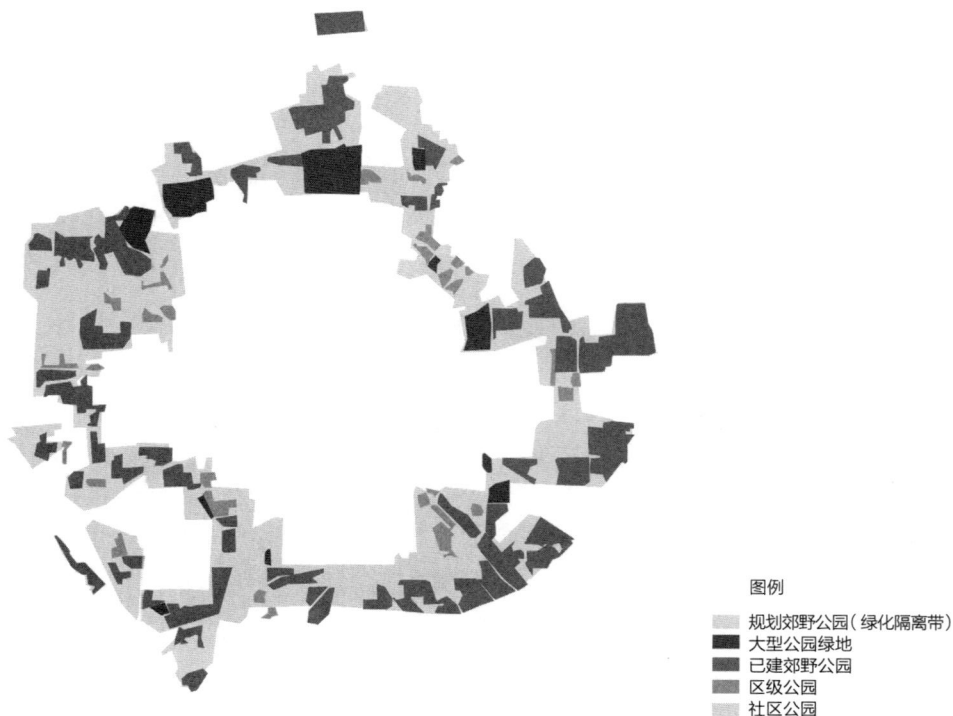

图例
规划郊野公园（绿化隔离带）
大型公园绿地
已建郊野公园
区级公园
社区公园

图 2-2　北京的郊野公园环

2.1.2 生态环境需求—生态保育型

郊野公园除了具有调节城市小气候、调节地区温度和湿度、降低噪声、防风固沙、涵养水源等基本生态功能外，其生物多样性保护的功能是城市公园所不具备的。城市生物多样性比纯自然界生物多样性复杂得多，建立郊野公园是保护城市生物多样性的主要措施之一（图2-3）。

郊野公园可以成为城市的生态资源库，维持物种多样性，为野生动物提供生境、栖息地和迁移走廊。郊野公园以开敞式空间的形式，以"绿化"（而非"美化"）和"本地化自然群落"为基准，根本目的是保护乡土生物的多样性，其倡导"设计遵从自然"的理念，保持、维护乡土生物与生境的多样性。

香港郊野公园的建设成效显著，据统计，整个英国的物种数量也不及香港多。香港郊野公园经过几十年的积极保育措施，公园内的灌丛面积和草地面积分别占全港灌木与草地面积的56%和41%。香港所有种类的哺乳动物、雀鸟、两栖动物和淡水鱼都在郊野公园范围内栖息，郊野公园中的爬行动物、蝴蝶和蜻蜓种类的比例亦超过全港种类的95%，可见郊野公园在自然保育工作中所扮演的重要角色（图2-4）。

图2-3 西贡东郊野公园的地貌和植被

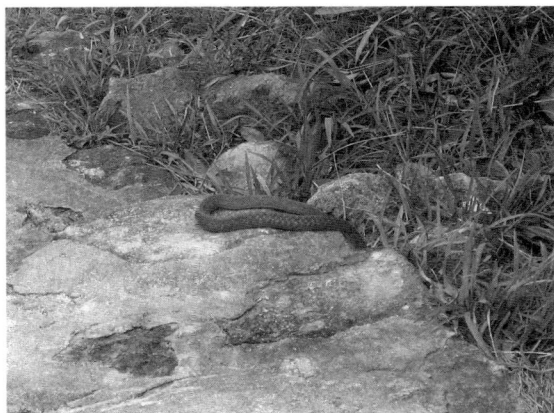

图 2-4　香港西贡东郊野公园野生蛇类

深圳七娘山郊野公园（现更名为"大鹏半岛国家地质公园"）中含有 5 个地质遗迹景观区，除包括两次火山喷发的火山遗迹和形成的海岸地貌外，还包括了古生物化石埋藏地、新石器时代人类文化遗迹、断层和构造地貌、溪流峡谷、瀑布跌水、崩塌遗迹等地质地貌资源点，是我国东南沿海具有典型代表性的地质胜地，具有很高的科学研究价值。深圳马峦山郊野公园涵盖了 7 个植物亚型、33 个群系，拥有国家一级保护植物 2 种；共有鸟类 86 种，国家重点保护鸟类 12 种；两栖动物 18 种，爬行动物 29 种，哺乳类 22 种。

北京郊野公园中，有重要保护意义的如大兴区麋鹿公园（麋鹿苑），这里承担了国家一级保护动物——麋鹿的繁殖、保护和生物多样性保护等任务，同样是积极开展生态旅游和自然保护活动的理想场所。

2.1.3　社会经济需求—游憩经济型

风景名胜区有着丰富的风景名胜资源以及悠久的历史文化，就地域环境资源来说，其地域自然环境以及人文资源优势显而易见，是人们向往的自然游憩空间，但由于风景名胜区一般距离城市较远，易达性较差，就目前国内的五天工作日而言，在周末到风景名胜区的自然空间进行游憩活动是不大现实的。而城市公园由于其区位条件优势，常常成为人们周末短途游憩的首要选择，但随着人们对自然游憩条件的要求越来越高，城市公园这类地域资源的优势差、以人工景观为主的城市绿地，渐渐不能满足人们的游憩需求。这就出现了一个问题，如何在风景名胜区和城市公园之间取得一个游憩需求的平衡呢？

随着城市化的不断发展，城市向郊区无序蔓延，城市郊野地区成为人们关注的区域。郊野公园概念的提出，既解决了城市郊野地区利用的难题，也为人们的游憩空间找到了新的方向。时代的变迁改变了人们的审美情趣、行为模式、心理特征，传统小群体、私密性的公园景观远远不能适应现代大众化、公共性的使用需要。在现今人们追求工作效率和速度的同时，更希望得到一种"性价比"高的"休闲产品"，时间不长、距离不远、又能够充分修养身心的地方自然成为目前城市居民出游目的地的重要选择，也自然成为最具旅游开发价值的物质环境资源。而城郊地区就是具有良好生态环境和优越区位的优势地区，郊野公园的出现也恰好迎合了城市居民的游憩需求。

郊野公园开始逐渐发挥满足休闲文化的需求、引导现代消费观的作用。在旅游供给方面，出现了将自然保护同经济开发结合在一起的趋势，强调自然生态区域所具有的经济价值；在需求方面，出现了市场对产品质量需求的变化趋势，人们对独特的生态系统中的生物多样性情有独钟，生态旅游方式是最优的资源利用途径，可以将经济建设中的环境负面影响降至最低（图2-5、图2-6）。

郊野公园保护的自然环境可以成为独具魅力的旅游景观，作为城市的环境资本，郊野公园可以成为推动经济增长的动力。城市在一定范围内统一布局，对城郊实行有序开发，使城市边缘的山体、农田等良好生态资源通过规划建设郊野公园得以留存，并渗透到市区；同时城市发展也可以延伸到山林、湖泊和农田之中，使得优质环境的"外溢价值"得到体现，"以较低的投入获得广阔的公共开放空间，在不久的将来还可以为城市发展带来增值地价"。在郊野公园附近地区进行房地产开发几乎是各个城市通行的做法，但是这种做法如果不加以引导和管理，将会带来很多问题，如一些单位和个人会在公园进行各种违章经营或其他叠加式商业开发，甚至将郊野公园变成私家花园，直接威胁郊野公园脆弱的生态环境（详见第4章）。

图 2-5　郊野户外游憩体验

图 2-6　兴隆公园林荫下的游人

2.1.4　安全防护需求—环境保护型

面对全球气候的加剧变化，城市系统越是复杂，其应对灾害的抵御力就越弱。当城市要素不断向周边地区迁移和发展后，直接吞噬的是城市周边的农用地、乡村景观、城市森林以及自然山体、湖泊、河流水系等自然要素，这对城市的生态安全产生了巨大的负面影响。城市周边的生态环境十分脆弱，因此，保护这些具有特殊地位的资源和郊外敏感地区，提高环境质量成为当务之急（图 2-7、图 2-8）。

图 2-7　北京亟须整治的城市外围环境

图 2-8　上海新江湾公园

郊野公园是国内目前对城市边缘区生态系统进行保护的一种方式，在空间异质性、生态、社会、经济、人为因素等方面起到很好的协调作用，能够对城市生态资源进行优化。

绿地是城市的安全保障线，而郊野公园能够满足具多重目标的城市安全需求。在抵御恶劣气候方面，郊野公园以规模优势可以降低其对城市的影响；在城市防灾避险方面，郊野公园是能够短时间内容纳众多人口，并且能够在紧急时期提供食物、水源的重要用地。

2.2　郊野公园与城市的空间关系模式

根据郊野公园与城市空间形态的关系，郊野公园与城市的空间关系主要分为 4 种模式：系统式、网络式、外环式和楔入式（表 2-1）。每个城市可根据具体条件和所处发展阶段的不同而选择不同的郊野公园模式，引导城市从简单空间结构向复合空间模式发展，减少城市扩张的盲目性。

郊野公园与城市的空间关系模式　　　　　　　　　　　　　　　　　　表 2-1

空间关系模式	城市发展特征	郊野公园与城市互动过程	形态示意	产生效果	代表城市
系统式	高密度发展	绿地与城市空间相互渗透，两者同步延伸		有机疏解	香港
网络式	多中心组团式发展	城市与绿地在空间上相互穿插		物质流、能量流、信息流的交换	深圳
外环式	母城—卫星城式发展	形成空间骨架，限制城市蔓延		限制蔓延	北京
楔入式	沿交通线有方向性地发展	城市密度疏解		绿地斑块的正效应	上海

注： □ 城市片区；■ 郊野公园。

时至今日，香港的郊野公园不但早已完成了规划和实施阶段，并且已经对城市用地布局、空间格局以及发展新市镇等重要城市发展问题发挥了显著引导作用。深圳的城市多中心布局形式，通过与郊野公园的互动过程在城市结构中保持了自然连续性（图2-9）。北京的郊野"公园环"、上海的长藤结"瓜"策略，这些郊野公园系统都对城市空间发展产生影响。

图2-9　从梧桐山远望仙湖植物园和深圳市区

2.3　郊野公园与城市的发展时序模式

经过对郊野公园的深入调查分析，可以看出城市总体规划提出的发展方向对郊野公园的产生和发展起到至关重要的作用，不同城市之间的总体规划思路导致了不同的空间发展时序，从而也就影响了郊野公园的出现和建设。从 4 座城市总体规划的发展决策来看，郊野公园与城市的关系主要有两种发展时序模式：一是在城市建设初期就引入了郊野公园的理念，笔者称之为"伴生型郊野公园"；二是在城市发展中期需要通过郊野公园对城市郊区绿地进行管控，笔者称之为"衍生型郊野公园"。

2.3.1　伴生型郊野公园

郊野公园是在发展过程中与城市互动推进、相互影响的，并最终成为决定减市性质的重要因素（香港、深圳均为国际花园城市）。这不仅仅是一种用地形式的落实，更是城市发展中不同的意识形态相互碰撞后产生的结果，是发展与保护之间达到的平衡点。

伴生型郊野公园是指：由于地理、气候、历史等多方面原因，郊野公园的建设较早地纳入城市规划和城市空间系统中，郊野公园的发展过程与城市发展相生相伴，两者相互促进或制约，最终达到某种平衡。伴生型郊野公园主要以香港、深圳的郊野公园为代表（图 2-10）。

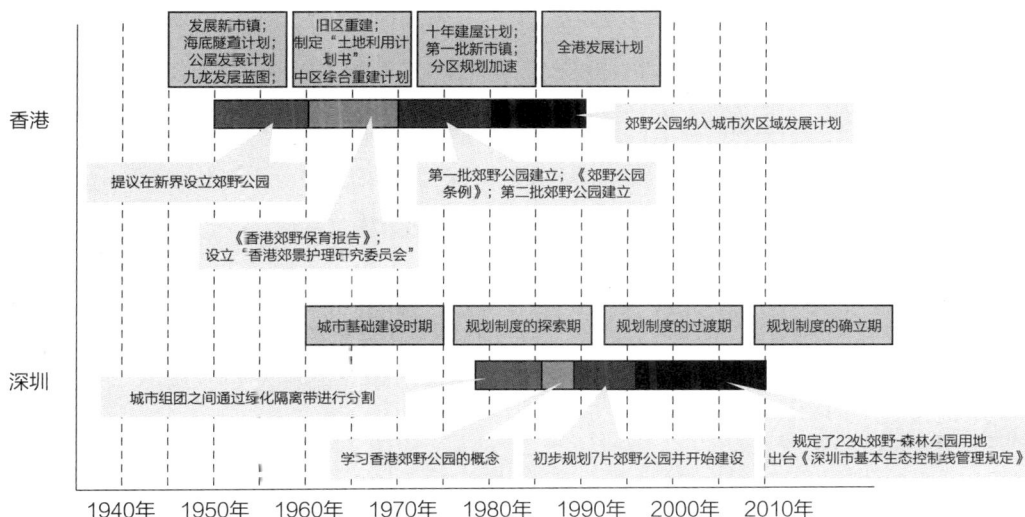

图 2-10　香港、深圳郊野公园发展与城市发展时序简表

古代中国的风水思想中隐含了城市生态配置及优化的理念，风水思想的精髓即"天人合一"，人与自然和谐相处的思想体现了城市生态优化配置理念。中国古代对城市形态的描述，首先必言山水，所谓欲知都市先考脉络，所谓风水宝地必有山有水，在建城之初始就要对城市生态环境进行优化设计和配置。

伴生型郊野公园往往是由地形地貌特征所决定，城市中山多水秀，通过郊野公园的形式加以保护。而现今郊野公园在香港、深圳两座城市已经完成了很好的规划，如果想扩大城市内有限的空间，是不能应用扩张现有内部土地的思路，因为这必然意味着大规模的环境破坏（开山造地），从而导致城市整体价值的下降。

从香港、深圳的历版总规图和现状用地图来看，无论说香港是西方城市规划体系的延续，还是讲深圳的城市规划模仿香港，甚至说两者相仿的城市结构很大程度上是由现状天然地形决定的，这都丝毫不会降低两座城市在构建城市生态资源设施——郊野公园上，对规划界和园林领域所作出的贡献。

伴生型郊野公园对城市的影响是自始至终的，而这种城市—郊野公园形式往往会呈现"大疏大密"的城市空间格局。因为这种"大疏大密"的城市格局在一开始就确定了下来。香港郊野公园的出现使得城市人工系统变得更加紧凑，只有紧凑才能有助于我们对缺乏的各种城市基础设施集中建设，提高基础设施服务水平和效率，为建设可居住的城市环境创造基本前提，也只有这样才能保障城市新区的可持续发展和旧城的有效疏散、提升。同时，也只有合理的紧凑城市形态才能实现"大疏大密"的整体环境，使城市建设与生态保护平衡发展。

伴生型郊野公园的模式有以下几点特征：

（1）发展同步性。郊野公园发展与城市发展存在比较明显的关联。郊野用地从一开始就受到重视，这种重视一直延续至今。

（2）建立迅速性。香港郊野公园体系的建立在4年内完成（1976—1979年），深圳用不到10年时间已经完成郊野公园的立法（1997—2005年）。

（3）规划有序性。香港完成了郊野公园的规划、建设，并形成《郊野公园条例》立法的过程；深圳学习香港经验，形成了从规划、建立到划定深圳市基本生态控制线的刚性约束。从发展历程上看，香港和深圳都完成了"三步走"的"郊野公园战略"，从技术到法制有序地对郊野公园进行了保护。

2.3.2 衍生型郊野公园

衍生型郊野公园是指：在城市发展过程中，经历了市中心不断发展、城市扩张所带来的很多问题，而由城市外围多年形成的人工林地——绿化隔离带改造形成郊野公园。主要以北京、上海的郊野公园为代表（图 2-11）。

衍生型是从表征上对平原城市建设郊野公园的一种概括性描述，在发展时序上，一般会经过若干年的城市发展后才开始建设郊野公园，且其与城市总体规划的配合也是相对滞后。在空间格局上，一般是以中心城区为"圆心"，城市用地扩展到一定半径范围后才会开始郊野公园的规划与建设。实际上衍生型郊野公园并非城市发展的最合理方向和意愿，而是城市发展战略上最后保存绿色空间的机会。城市在经济发展水平、行政干预和房地产商利益驱动等多重因素作用下，"摊大饼"式的发展情况越来越严重，城市人口不断集聚但可开发土地却十分有限，则会出现很多问题，在发展时序上就要求城市必须从环境、生态角度考虑城市未来发展的可持续性。因此，这种被衍生出来的郊野公园是城市现代发展理念对传统城市建设的一种调整和补充。可以说是强制性附加到城市中的。郊野公园最理想的建设状态还是在城市发展早期就进行科学的规划，从一开始就把城市的生态体系纳入城市空间发展战略，避免过多无谓的浪费，甚至可以避免很多重大的决策失误。因此，较好的郊野公园形式还是伴生型，而非衍生型。

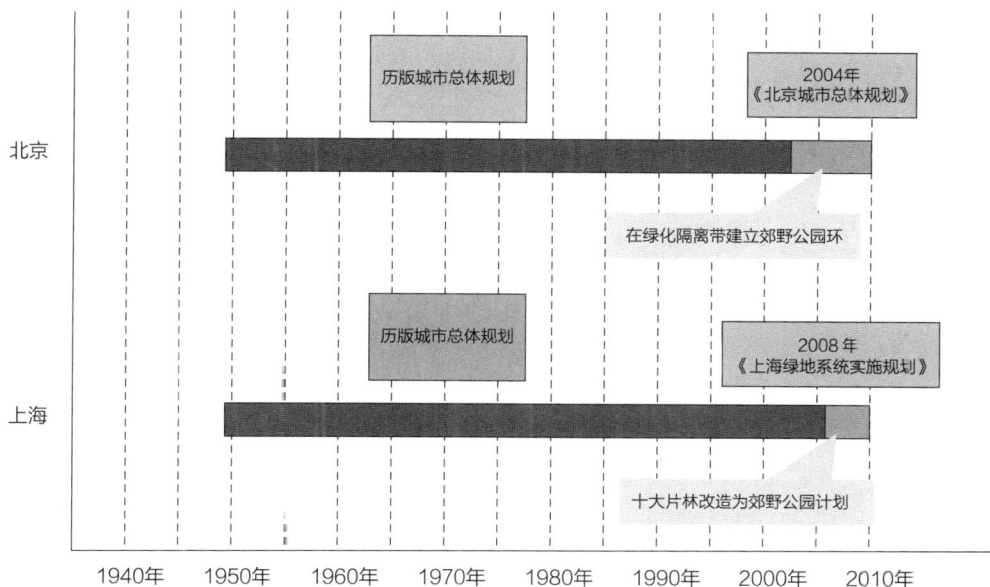

图 2-11　北京、上海郊野公园发展与城市发展时序简表

不同于伴生型郊野公园依托天然山水这样的大尺度空间的特征，衍生型郊野公园多数是由城市的环城绿带改造而成，这些"绿带"主要指森林以及其他有植被的土地，如耕地、园地、林地、牧草地、果园、防护性绿地或林地等。不同的城市，其建设"绿带"的目的不同，受沙尘威胁的北方城市更倾向于建设生态防护林型"绿带"，有些城市或许更关注于建设"都市型"农业（蔬菜或花卉）等生产经营型"绿带"。

衍生型郊野公园模式具有以下 3 点特征：

（1）具有明显的城市公园属性。衍生型郊野公园通常位于城市边缘、规模比一般城市公园大，但由于设立的目的之一是提升城市周边居民的生活质量，因此在景观风貌和功能定位上有很强的城市公园色彩。

（2）生态恢复的复杂性。由于经过了长时间的城市人工系统开发，城市周边的生态系统大部分已被破坏，恢复起来难度较大。

（3）建立的迅速性。这一点与伴生型郊野公园相同，一方面城市财政较为宽裕，有能力建设大片公园改善城市环境和生活，另一方面就是生态保护的紧迫性要求衍生型郊野公园体系必须快速建立。

城市对郊野公园的需求是郊野公园发展的直接动力，也影响着郊野公园的发展方向、景观类型和功能属性。不同的城市需求对应了不同的郊野公园体系类型，这既与城市所处的地理位置，气候、海拔等自然条件有关，同时也与城市的不同功能定位相关。

总的来讲，郊野公园与城市是一种相互依托的关系，这主要表现在城市规划、经济发展和社会生活三个方面。目前，国内一些城市已经开始从以"经济发展"为本的城市发展观转变为以"自然"为本的城市生态价值观，协调自然与人的相互关系的理念必然是未来城市发展的主题。

参考文献

[1] 伊利尔·沙里宁.城市：它的发展、衰败与未来 [M].唐子颖，顾启源，译.北京：中国建筑工业出版社，1986.

[2] 俞孔坚，李迪华，吉庆萍.景观与城市的生态设计：概念与原理 [J].中国园林，2001，17（6）：3-10.

[3] 俞孔坚，叶正，李迪华，等.论城市景现生态过程与格局的连续生——以中山市为例 [J].城市规划，1998，22（4）：14-17.

[4] 郑丽蓉，汤晓敏，车生泉.现代城市公园发展的困境及策略探讨——以上海为例 [J].上海交通大学学报（农业科学版）2003，21（B12）：75-78.

[5] 任晋锋.美国城市公园与开放空间的发展 [J].国外城市规划，2003，18（3）：43-46.

[6] 丛艳国，魏立华，周素红.郊野公园对城市空间生长的作用机理 [J].规划师，2005，21（9）：88-91.

[7] 李百浩，王玮.深圳城市规划发展及其范型的历史研究 [J].城市规划，2007（2）：70-76.

[8] 李伟.城市形态转换中的生态配置优化——以成都 10 大环城郊野公园建设为例 .[J].城市发展研究，2006（1）：52-57.

[9] 杨家明.郊野三十年 [M].香港：天地图书有限公司，2007.

[10] 杨冬辉.关于城市与城市森林同步规划的思考 [J].规划师，2002，12：25-28.

[11] 赵燕菁.超越地平线：城市概念规划的探索与实践 [M].北京：中国建筑工业出版社，2019.

3

郊野公园的特征

本章主要讨论郊野公园在景观特征、环境维护和游客行为等方面的特征以及其在当前城市发展演进过程中所具有的优势。

3.1　郊野公园是近自然园林的体现

随着我国社会经济高速发展和工业化、城市化进程日益加快，城市人口急剧增加，城市的生态环境进一步恶化。人们开始厌倦都市浑浊的空气、喧嚣的氛围和死气沉沉的"水泥丛林"，渴望大自然的洁净和安谧，向往大自然的生机与活力。传统公园的人工园林不能真正还自然于人，对于大自然的渴求使得城市园林发展提出一个新的理念——近自然园林，提倡尊重自然、崇尚自然、接近自然的园林发展模式。郊野公园正是在这一背景下产生出来的近自然园林类型。

3.1.1　近自然园林的概念

近自然园林是指：在自然地形和气候条件基础上和生态学原理的指导下，以协调人地关系为核心，以植物群落为主体，具有多功能效益的、进展演替的生态经济园林系统。近自然园林理念强调人类应尊重自然，尽可能按照自然规律来建设园林，以满足当代人和子孙后代对园林生态、社会和经济效益的需求。应当说，近自然园林既是一种新型造园理念，又是园林发展的终极目标之一，更是一种可持续发展的理念，是可用于指导园林建设、实现园林可持续发展的新模式。它的理论基础包括生态学、社会学、经济学、伦理学、园林学与可持续发展观等，它们共同支撑近自然园林的产生和发展。

3.1.2　郊野公园具有近自然园林的特征

（1）自然性。郊野公园具有自然性，这是近自然园林的本质属性。尽量控制人为干扰强度，充分利用自然规律和自然力，减少城市园林的盲目性。这种自然运行的方式可以节省大量工作，提高生物多样性和生态系统稳定性，尽可能减少人为干扰，获得较高的经济效益和明显的生态效益以及良好的社会效益，实现城市园林的可持续发展。

（2）多样性。郊野公园具有的丰富的生物多样性同样也是近自然园林的重要标志。郊野公园的生物多样性包括多个层次，主要体现在物种多样性、生态系统多样性与景观多样性等方面，而较高的生物多样性能使园林植物群落在面对环境变化时具有更好的适应调整能力。

（3）多元性。郊野公园具有多种功能和综合效益，这是近自然园林的第三个特征。郊野公园丰富的植物群落能够净化城市大气、改善小气候，防尘、防风、减弱噪声，缓解城市热岛效应，保护土壤和水系，保护自然景观，同时郊野公园还可以满足控制城市空间结构、促进社会经济发展等多方面需求，从而为城市居民创造良好的人居环境和创业环境。

（4）包容性。郊野公园以城市自然系统与人工系统互利共生为终极目标，突破了传统城市园林概念，这也是近自然园林的最终要求。郊野公园可以将郊野绿地、城市绿化隔离带、城市组团隔离带、农田、次生生态林地、湿地等一起纳入郊野公园的范畴，实现大地园林化。

3.1.3　郊野公园是近自然园林的实现途径

（1）郊野公园尊重自然，保持原生生态环境。郊野公园尊重植物的生长习性，遵循植物的生长规律，减少人为对自然界的干扰和破坏。郊野公园的主要本体是乡土植被，经过长期的自然演化，已经形成了与当地气候条件和生态环境相适应的生理生态习性，所构成的群落的生产力达到最大化，同时生态系统的稳定性也最大，形成外观上具有地域性特征的植被景观。

（2）郊野公园师法自然，营造多样性的园林植物群落。郊野公园模拟自然界长期的演替形成的稳定群落，充分利用阳光、空气、土地、空间、养分、水分等生态因素，采取乔灌草结合、阴生和阳性植物搭配、速生和慢生树种镶嵌的手法，充分利用有限的空间资源，构筑"虽由人作，宛自天开"的近自然稳定群落结构并构成稳定的生态系统。

（3）郊野公园遵循自然规律，控制人为干扰强度。郊野公园根据植物生长规律完成近自然养护，除了如山火、垃圾等人为或自然事件外，尽量对郊野公园进行少量的人为干扰，而任其像在大自然中一样自由发展。

（4）郊野公园让公众接近自然。郊野公园能提供让城市居民经常与大自然近距离接触的机会。

3.2 郊野公园是低碳型城市的具体策略

为了应对气候变化和全球变暖，以降低人类生产和生活活动的碳足迹为目标的低碳城市发展得到各方重视。低碳城市的建设主要包括：产业结构调整、节能低耗、低碳消费、环境降温、增加碳汇。发展城市公园本身对于城市低碳建设和环境保护具有积极的意义，但如今的绿地空间建设往往成本高昂，随之而来的是高额的维护费，给城市运营带来巨大的压力。低碳城市的主要基础是低能耗、低污染，重要支撑是"低碳技术"。尽管这样的公园也能增加碳汇，但其发展模式并不符合低碳城市的要求。如果将建设和维护成本最小化作为低碳绿地建设的主要评价指标之一，那么郊野公园至少在3个方面符合这一发展方向。

3.2.1 定位上的低碳

郊野公园追求的是完善的、生态稳定的园林生态系统，以及结构和功能高度统一、本质和形式和谐一致的景观。

郊野公园具有近自然的本质属性，人工投入量很少，充分利用自然规律和自然力。这种顺其自然发展的方式可以节省大量的人力、物力和财力，获得较高的经济效益和明显的生态效益以及良好的社会效益，实现城市园林的可持续发展。

3.2.2 建设上的低碳

郊野公园以原有空间为基底，师法自然，人工投入量少。郊野公园尊重地域性特征，不会采用大量客土、大面积改造地形、营建人工水景等施工措施营造景观，从而避免了大量工程费用的增加和原生生态环境的破坏；郊野公园没有大片的人工草坪、大面积的色块，对植物不进行强度修剪，在设计上主要依照生态学原理和生物学特性，不致出现生态系统功能的紊乱；郊野公园依靠乡土树种的开发和利用，就地取材取景，不主张引入外来树种，避免了营建"奢侈"景观的浪费和由于生物入侵而造成生态灾难；郊野公园植被群落丰富，趋向自然形成的植物生态关系，不提倡苗木浪费、大树移植和人本主义的植物造景；郊野公园基本没有地下灌溉的需要，基础设施投入少（图3-1）。

图 3-1　京城梨园中的野生地被

　　郊野公园造价上较为经济，以上海郊野公园建设造价为例，有以下几个原因：

　　（1）郊野公园基地的原生状况比城市要好。一般在城市中心区做绿地，拆迁量比较多，水泥地面上还有建筑等需要拆除。城市绿地的发展成本较高，动迁费是很大的支出，征地动迁费用占绿地总支出的 90% 以上，据业内人士分析，上海中心城区的动迁费成本已经上升到每平方米 3 万 ~4 万元，有的地区更高。10 年前上海延中路绿地动迁费成本约在每平方米 6000~8000 元左右，到现在已经增加 5~8 倍，市区财政不堪负担。

　　（2）直接经济性成本较低。城市内的土多是深层土、板结土、淤泥土，郊野大多是熟土，疏松度、酸碱度合适。上海市中心的客土费用 40 元 $/m^3$，外环线之外 15 元 $/m^3$。郊野公园位于郊区，建设成本比较低，需要的客土土方量少，运输成本也低，本身就有良好的自然资源。

　　（3）城郊有较多水系可以利用。郊野公园在设计时可以利用原有水系、植被，虽设计难度增加但投资成本降低了，在设计之初控制成本是性价比最高的方式。

　　以上海滨江森林公园为例，公园采用了 1/3 建设、1/3 改造、1/3 保留的策略，120hm² 总投资 1.6 亿元，其中绿化建设费用 80 元 $/m^2$，加上土地和设施配套、补偿

　　　　　　　　　　　　　　　　　　　　　　　　　　　　　郊野公园规划研究

等费用，平均每平方米的建设费用在 140 元。而一般的中心城区绿地建设每平方米造价500~800 元不等。

3.2.3 维护上的低碳

郊野公园主要运用了生态学理论和资源循环利用理念进行后期维护，因此维护费用较低。

郊野公园主要依靠自然降水，通过雨水收集提供给厕所冲水，植被基本不需要人工灌溉，水资源利用率较高；郊野公园的土壤肥力主要依靠植物、动物产生的有机残留物，不需要耗费资金进行施肥，绿化产生的废弃物利用率高；郊野公园植物以野生植被为主，群落稳定，不需要对其进行修剪、中耕、除草等城市园林传统养护措施；生态循环抵御病虫害，郊野公园通过生态系统的异质性和物种间的生态交互作用进行生物防治，避免了农药对环境造成的危害；郊野公园内的建筑和设施都尽量以当地自然材料为主，建筑寿命终结后可以整体回收，给自然留下最小的痕迹；植被主要依靠自然降水和土壤肥料，养护成本很低（图 3-2、图 3-3）。

图 3-2 北京将府公园用二月兰代替草坪

图 3-3　上海新江湾公园的低维护示范

再以上海滨江森林公园为例，除去物业管理费用，每年绿化养护费在 840 万左右，养护面积在 120hm^2 左右，养护费平均 7 元 /m^2；又如世纪森林生态园养护费平均 2.5 元 /m^2，外环绿带（浦东段）养护费平均 3 元 /m^2，均低于一般城市公园的养护费用水平。

郊野公园尽量挖掘本底空间、运用简洁的设计元素，以"少即是多"的原则来开展绿地空间的建设，有利于合理、高效地运用城市资源，达到最佳效果。郊野公园对于低碳城市的建设和探索，以及发展低碳城市规划理论都是有力的支持和有益的尝试。

3.3 郊野公园是"三区三线"的平衡器

国土空间规划中的"三区三线"（农业空间、生态空间、城镇空间；永久基本农田保护红线、生态保护红线、城镇开发边界）是对国土空间进行科学划分的重要工具，而"城镇开发边界"与"生态保护红线"之间的衔接过渡存在"一刀切"问题，比如有些地区的开发红线和保护红线仅一路之隔，这既不符合生态环境的自然规律，同时也很难保证红线的限制，而郊野公园的一系列特点可以在城镇开发和生态保护之间取得很好的平衡，实现两者的协调发展。

国土空间规划中的郊野公园应划入"生态保护红线"之内，它对于改善城镇周边生态环境、提升居民生活质量、优化国土空间布局等都具有积极作用。郊野公园边界清晰，范围可控，在面向城镇一侧可以提供城市居民休闲游憩的设施，开展自然景观和动植物科普活动，在吸引公众游览的同时，增强公众对于自然环境、生态保护等方面的意识。而面向高生态能级的"生态保护红线"中心区域，则划定为郊野公园的"保育区"（见本书5.5节分区规划），保护和培育森林植被的完整性。郊野公园与自然保护区、风景名胜区等保护地接壤，在城镇开发和生态保护之间形成一种平衡机制，从而协调不同利益群体之间的矛盾和冲突。

南京市在《南京市国土空间总体规划（2021—2035年）》中强调了绿色基础设施的建设，包括郊野绿地与公共空间。该规划提出保护长江绿色生态带和十片生态功能片区，强化秦淮河、紫金山、老山、石臼湖等自然生态斑块的保护与修复，并鼓励当代文化与历史文化在城市意象与空间中的融合。这些措施有助于提升南京市的生态环境质量，并推动郊野公园等绿色基础设施的建设。青岛市在国土空间规划中明确提出要构建"郊野公园、城市公园、社区公园为主体，口袋公园为补充"的多层次公园体系，到2035年，中心城区人均公园绿地面积将达到10平方米以上，休闲游憩空间达到人均15平方米。

3.4 郊野公园游客行为特征

本部分通过问卷调查的形式和比较分析的方法，以深圳市塘朗山郊野公园和梧桐山郊野公园（现已成为国家级风景名胜区）为研究对象，较深入地分析郊野公园游客的行为特征，意在通过实践调查与游客直接对话来揭示郊野公园规划与建设中应注意的问题，并给郊野公园规划提供必要的支持。

3.4.1 研究区概况及研究方法

1. 研究区概况

塘朗山是深圳市南山区、福田区两城区内的山体。塘朗山郊野公园地处深圳市西北郊，东经 113°59′13″ ~ 113°59′21″，北纬 22°34′12″ ~ 22°34′40″，位于南山区的东北部，西丽镇东部，平南铁路以南，北环大道和龙珠大道以北，西端止于红花岭，东边绵延到福田区境内与梅林公园相接，公园总面积约 2.28km^2。梧桐山位于深圳市区北部，海拔 943.7m，其东南麓风景区管理面积 5.18km^2。

2. 研究方法

本研究采取实地调查、问卷调查和访谈相结合的方法。参考国内外有关文献设计了深圳市郊野公园游客问卷调查表，调查内容主要包括游客人口统计学特征、游客的出游动机、游客对于已开发设施的参与情况和喜好程度，以及游客对郊野公园设施的偏好与感知。

调查时间为 2009 年 11 月。调查问卷在园内各景点随机发放，同时进行游客访谈（图 3-4）。两座公园各随机发放问卷 300 份，共计 600 份，完成有效问卷 565 份，有效回收率为 94.2%。

图 3-4 现场调研情况

3.4.2 郊野公园游客行为特征

1. 人口统计学特征

（1）性别特征

郊野游憩吸引力对于男性和女性有所不同。在问卷统计中看出，郊野公园游客性别比例男性占 59%，女性占 41%。男女比例基本为 1.4 ： 1（图 3-5）。

（2）年龄特征

收回问卷中以 25~34 岁的青年居多，而 44 岁以下的中青年占总数的 86%，这也与受访者参与意愿有关，一些老年人不愿接受调查（图 3-6）。

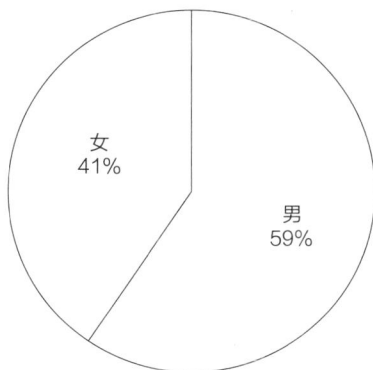

图 3-5 深圳郊野公园游客性别比例

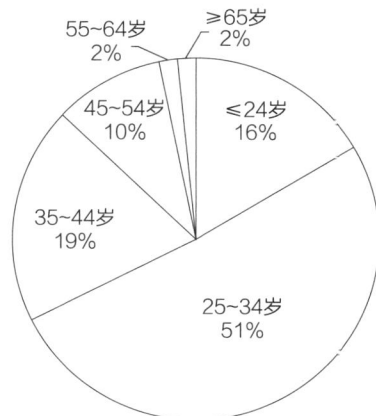

图 3-6 深圳郊野公园游客年龄比例

（3）教育背景

受教育程度与择业和收入相关，而通过游憩调查发现郊野公园游客的教育背景相对较高，本科以上学历占61%（图3-7）。

2. 出行特征

（1）选择郊野公园游憩的出行时间

通过问卷统计，受访者中有60%选择了周末，20%在平时，还有16%是节假日，4%是举办感兴趣的活动才会来到郊野公园（图3-8）。

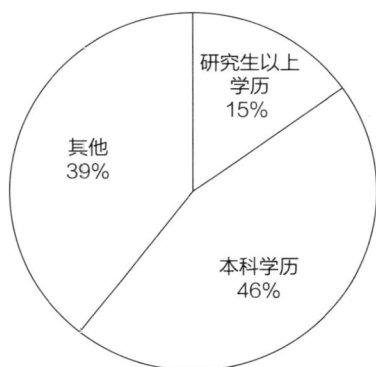

图 3-7　深圳郊野公园游客教育背景　　　图 3-8　游客选择何时来到深圳郊野公园

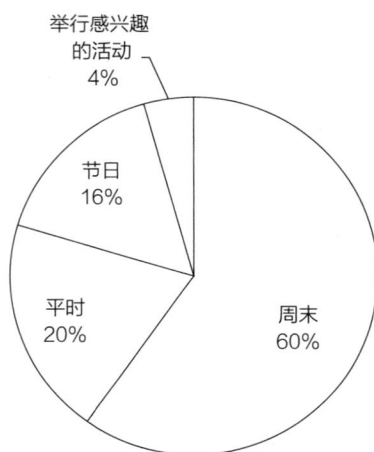

（2）出行方式

步行到达、乘坐公交车所占比例最高，其次为自驾车。由于塘朗山郊野公园、梧桐山郊野公园附近的居民区很多，步行到此非常方便；乘坐公交车的游客，主要是在周末出行；而自驾车出游的受访者，一般是平时下班后到此健身（图3-9）。

（3）行程时间

问卷调查统计显示，到达郊野公园所愿意花费的交通时间，44%的受访者接受半小时以内，28%的受访者接受最长时间1小时以内。但是通过访谈，受访者普遍认为花费在路上的时间越短越好，毕竟可用于休闲游憩的时间非常有限（图3-10）。

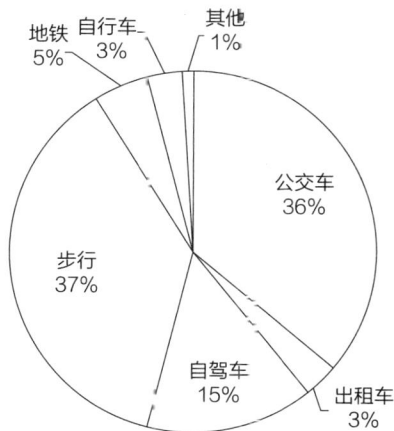

图 3-9　深圳郊野公园游客出行方式　　　　图 3-10　深圳郊野公园游客行程时间

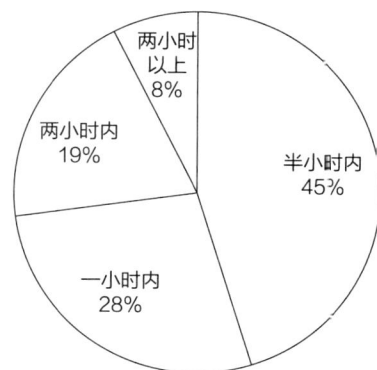

3. 意愿与动机

郊野公园游憩的主要动机是健身，约占样本总量的 35%，其次为宜人的环境，为 28%，第三是郊野游憩活动，占总数的 18%（表 3-1）。

选择郊野公园的理由　　　　　　　　　　　　　　　　表 3-1

选择郊野公园的理由	参与情况	
	样本	比例
健身需要	200	35%
环境宜人	157	28%
郊野游憩活动	101	18%
心理需要	42	7%
交通便捷	38	7%
社交需要	16	3%
其他	11	2%

4. 游憩特征

（1）游憩行为

郊野公园的游客一般是结伴而行，占到总数的 71%，这反映了郊野公园由于区位、环境条件、游憩特征等原因，游客倾向于多人出游以满足多方面的游憩需求（图 3-11）。

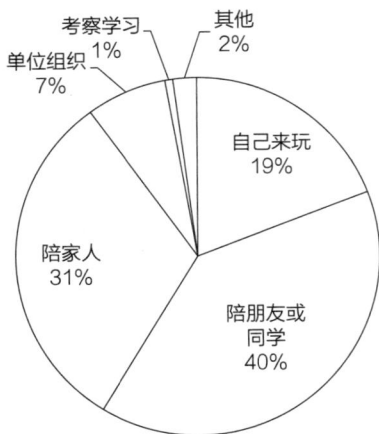

图 3-11 深圳郊野公园游客郊游的随行人员

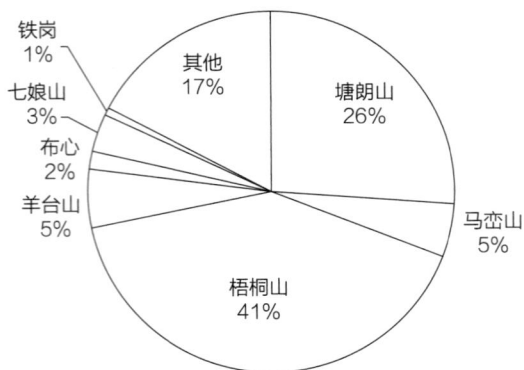

图 3-12 深圳郊野公园游客重游率

（2）重游率

重游率体现了游客对郊野公园的满意程度。实际上在深圳除了塘朗山、梧桐山这两个离市区较近的郊野公园游客较多外，大南山郊野公园（现已更名为"大南山市镇公园"）以及距离较远的马峦山和羊台山郊野公园也是深圳市民户外活动的常去之处（图 3-12）。

（3）喜爱的郊游活动

通过现有游憩活动项目参与情况调研发现，游憩者喜爱并期望的活动项目包括徒步远足、健身、登山、烧烤、野营等，但深圳郊野公园的设施并非完全符合需求，如烧烤、攀岩等，在目前公园中并未允许开发（图 3-13）。

（4）游憩时长

来到郊野公园游憩的时间长短是游憩开展的基本条件之一。调查中发现游客在郊野公园的游憩时间一般都会超过 1 小时，1~2 小时约占受测总数的 28%，2~4 小时约为 48%，4~8 小时约为 23%。因此，闲暇时间的长短制约了游憩活动的类型、距离、活动频率等（图 3-14）。

（5）对设施的需求情况

通过问卷统计，57% 的受访者认为郊野公园内的游憩设施数量不足，42% 的受访者认为数量尚可，其余认为数量过多。实际上，通过实地调研，发现两个郊野公园的很多必要基础设施都不健全，如梧桐山郊野公园缺少卫生间，塘朗山郊野公园缺少避雨设施，等等。受访者普遍对该类问题的反映很强烈（图 3-15）。

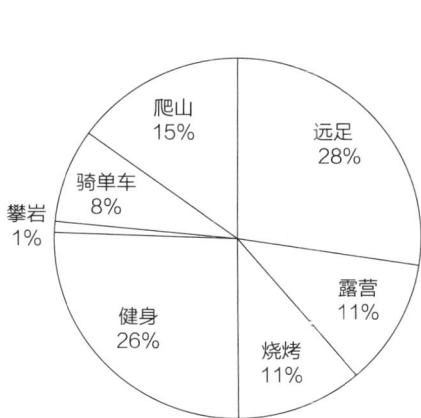

图 3-13　深圳郊野公园游客喜爱的郊野活动

爬山 15%
远足 28%
骑单车 8%
攀岩 1%
健身 26%
露营 11%
烧烤 11%

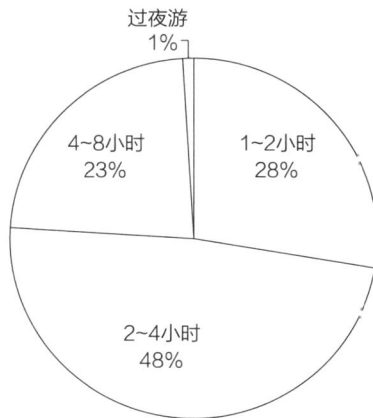

图 3-14　深圳郊野公园游客游憩时间

过夜游 1%
4~8小时 23%
1~2小时 28%
2~4小时 48%

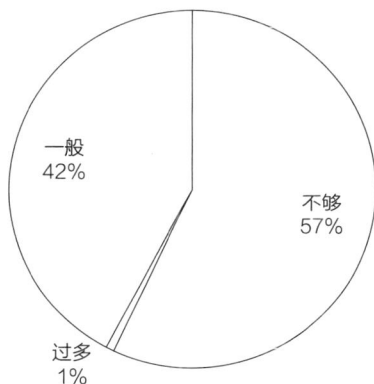

图 3-15　游客对深圳郊野公园休憩设施和场所数量情况的看法

一般 42%
不够 57%
过多 1%

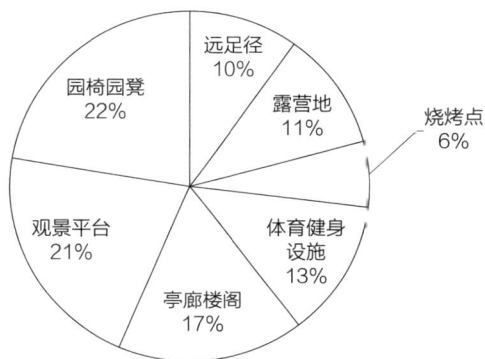

图 3-16　游客认为深圳郊野公园需改善的游憩设施

远足径 10%
园椅园凳 22%
露营地 11%
烧烤点 6%
观景平台 21%
体育健身设施 13%
亭廊楼阁 17%

5. 游憩设施与服务设施需求

（1）游憩设施

由于建设的不同步和山体公园施工难度大等原因，两座公园普遍存在基本游憩设施缺乏的问题。在问卷调查中，能够引起游客较多反应的就是需要改善的设施，各游憩设施选择的结果也是相对平均。其中游客反映较多的问题是：缺少或者没有可以休息的园椅园凳、观景平台，以及具有景观功能的亭台楼阁；青年人尤其对露营地和烧烤点的设置很感兴趣，认为这是郊野公园与城市公园所不同的游憩类型，很有吸引力（图 3-16）。

（2）服务设施

服务设施方面，游客最关注的是卫生间和安全保障，两座公园的登山道上都没有公共卫生间而且垃圾箱也很少。调查中发现有相当一部分游客希望郊野公园能够提供车位。有15%的游客提出最关注的事项是手机信号的覆盖范围，有11%的游客认为郊野公园内的标志标牌系统需要完善，以便为游客提供必要的、准确的服务信息，尤其是在游线的指引上，确保游客不走远路、弯路，更不要发生迷路状况（图3-17）。

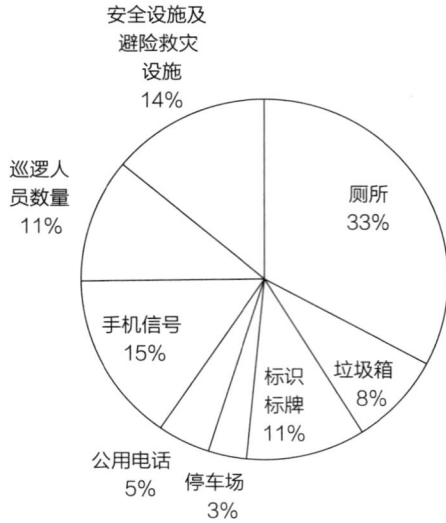

图3-17　游客认为深圳郊野公园需要改善的服务设施

3.4.3　小结

郊野公园游客特征为：以有一定教育背景的年轻人居多，多数在周末出行，在路上需时较多，一般在30分钟左右；来到郊野公园游憩的主要动机是健身，约占样本总量的35%，其次为宜人的环境，为28%，第三是郊野游憩活动，占总数的18%；喜爱并期望的活动项目包括徒步远足、健身、登山、烧烤、野营等；游憩时间属于长时段，一般在1小时以上；对游憩设施的需求总结为以下几种：休憩亭台、烧烤点、观景平台、露营地等；游客关注的服务设施为以下几种：厕所、告示牌、停车场等；游客普遍认为不需要复杂的建筑和园林小品，只需要一些基本的设施和安全保障体系。这些调查为郊野公园规划提供可靠的数据支撑，避免规划设计的盲目性。

参考文献

[1]　计成 . 营造经典集成 1：园治 [M]. 北京：中国建筑工业出版社，2010.

[2]　朱祥明，孙琴 . 英国郊野公园的特点和设计要则 [J]. 中国园林，2009（6）：1-5.

[3]　祁新华，陈烈，洪伟，等 . 近自然园林的研究 [J]. 建筑学报，2005，（8）：53-55.

[4]　欧静 . 生态园林的植物配置 . 山地农业生物学报 . 2001，20（3）：170-173.

[5]　戴亦欣 . 中国低碳城市发展的必要性和治理模式分析 [J]. 中国人口·环境与资源，2009，19（3）：
　　　　12-17.

[6]　周国模 . 森林城市——实现低碳城市的重要途径 [J]. 杭州通讯 .2009，5：20-21.

[7]　陈敏，李婷婷 . 上海郊野公园发展的几点思考 .[J]. 中国园林，2009（6）：10-13.

[8]　王永忠 . 西方旅游史 [M]. 南京：东南大学出版社，2004.

[9]　吴颖 . 郊野公园规划研究 D]. 武汉：华中农业大学，2008.

[10]　曼纽尔·博拉，弗雷德·劳森 . 旅游与游憩规划设计手册 [M]. 唐子颖，吴必虎，等译 . 北京：
　　　　中国建筑工业出版社，2004.

[11]　张先进 . 泰国风景园林的概貌与特色 [J]. 中国园林，1999，15（6）：74-76.

[12]　任梦非，朱祥明 . 上海滨江森林公园规划设计研究 [J]. 中国园林 .2007，23（1）：21-27.

4

郊野公园的可持续发展

本章主要探讨如何保障郊野公园的资源与景观的完整性和可持续性，以及其如何在自身演进中同城市发展取得平衡。

4.1　城市建设与郊野公园的同步性

20世纪90年代以来，中国的城市化迅速发展，城市周边的自然本底资源遭到严重破坏，从而影响了城市景观的自然肌理，丧失了自己的特色与个性。为确保城市与郊野公园同步发展，在城市的空间扩展过程中二者应当同步规划。当前的土地利用规划仍然是以功能划分为目的的单一目标规划系统（single-purpose planning），没有充分考虑到自然演进的综合要求。因此，在城市发展中，需要将单一目标的土地利用规划转变为多目标的规划体系（multi-purpose planning）。在城市规划中，应该让城市生态规划先行，重点维持和恢复景观生态过程以及格局的连续性（connectivity）和完整性（integrity），在城市和郊区景观中要维护自然残留斑块之间的联系。郊野公园规划在城市规划中应先行，首先确定非建设用地，城市的各功能布局、区位也就同时确定下来，并提倡自然与人类平等使用土地资源的规划理念。

深圳在新一轮城市规划中已经注意到了这个问题，在宝安区，城市被绿化隔离带划为几个相互独立的组团，各组团结构相似。这几个组团可以根据市场的需要同步发展。由于同特区内各组团良好的联系，宝安区可以直接增加市区内中心区位的供给，从而有效地抑制地价上升，使得深圳在快速扩张的同时保持了强大的竞争优势。绿化隔离带则起到联系城市与大面积自然生态（山、海）的作用。

郊野公园往往建立在城市外围，阻止城市的无序发展和空间浪费。这一过程必然会与城市发展产生矛盾，因此郊野公园的选址往往要经过充分的论证。香港建设新市镇和郊野公园的过程就遵循了同步规划的原则，在规划过程中经历了3次同步（图4-1）。

第一次同步：20世纪50年代中期，政府检讨工业及房屋对土地的需求情况，依此决定对荃湾、葵涌、沙田、屯门、大埔及将军澳5个地区进行初步研究，将其作为发展新市镇的对象。同时特别提议在新界区设立郊野公园，以作静养游憩及环境保护用途。

第二次同步：港督会同行政局采纳"十年建屋计划"后，1973年，正式成立"新界拓展署"，最先发展的3个新市镇是"荃湾""沙田""屯门"，而第一批郊野公园（1977年设

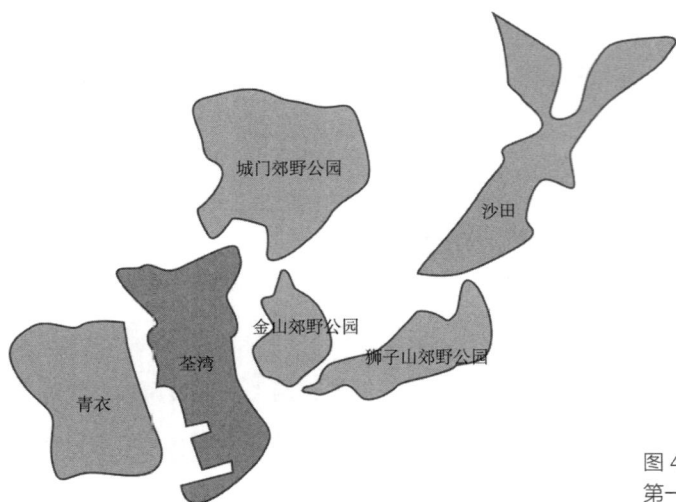

图 4-1　1977 年香港第一批郊野公园与第一批新市镇的空间关系

立），恰恰位于荃湾（包括葵涌、青衣两处）、沙田的边缘。

　　第三次同步：新市镇蓬勃发展时期，即 1978—1979 年，第二批郊野公园以惊人的建设力度，一举将位于城市边缘地带的大面积郊野地都划入郊野公园管辖范围内。

　　从空间关系上看，3 处郊野公园的存在将新市镇急剧扩张发展的态势遏制住，使其与南边的九龙中心城区稍微拉开一段距离。现在的沙田，是香港首屈一指的高层住宅集中地，这些大量聚集的高层住宅，颇有些被周边的郊野公园"逼上梁山"的味道。此外，3 处郊野公园与中心城区、新市镇都具有密切的空间关系，公园的划定对让新市镇真正发展成为卫星城而没有被中心城区吞没起到重要作用，并且为其他城市在发展和保护自然环境之间取得合理平衡给予参照。这种以郊野公园的用地控制为主，配合其他政策法规的方式，能够引导城市空间"离散生长"，保证城市健康有序发展。

　　香港的新市镇发展一定程度上受到郊野公园用地制度的严格控制，从而客观上在土地开发需求及保护自然环境需求两者之间形成了用地博弈，这直接而有益的结果即为香港整个城市空间的扩散型发展搭建了一个基本的由"城市—郊野"两要素组成的框架。以郊野公园的用地控制为主，加上其他政策、法制等因素的共同配合作用，香港的新市镇在几十年的发展中并没有出现恶性的绵延扩张，实现了为全世界所瞩目的真正意义上的土地集约利用。

　　反观我国内地的城市建设，以珠三角、长三角和京津冀为例，各个城市各自发展，但互相之间的联系也日益频密，所以其间的交通干线发展很快，各处都可看到削坡或被推平了的山丘。城市发展了，交通也畅通了，城市与城市之间拉近了很多，连片的城市群呈现在眼前。再看香港，新市镇及交通干线也同样地全速发展，虽然各处的相互距离随交通发展而缩短了，但并没有感觉到郊野土地正在减少。市民还可以在假日去享受大自然的宁静，对于郊野地区被城市"吞噬"的威胁，没有像在国内城市连绵区那样感受强烈，这是因为香港城市在发展的同时已有郊野公园的划定，使郊野地区得以保留下来，并受到法律的保障，于是自然生态能够在稳定的环境下发展。

所以，我国内地很多城市在未受到急切发展的威逼之前，应对城市甚至区域的环境作很谨慎的规划，这些地区的保与不保对以后的发展影响深远。从另一个角度讲，在这一问题上，城市规划者应该同样高度重视，这种把城市自然要素与人工要素统筹考虑的思路实际上也体现了城市规划作为一种公共政策对城市盲目发展模式的干预。

4.2 郊野公园系统的整体保护和风貌营建

郊野公园的设立目的之一就是保护郊外清新的环境品质，这就决定了郊野公园内部不能大拆大建，更多是在选择保护与改造之间寻找平衡，以维持本土自然特征为规划主导思想进行适当干预。郊野公园的设计理念即是以最小的干预获得最大的效果。这个效果当然就是野趣、自然等的身心体验。郊野公园的基本立地条件可以包括原始状态的自然景观（原始次生林、湿地、近郊山体、湖泊、滩涂等）、农田及传统村落、民居等。

在规划和管理中，有些决策者和设计师并非着眼于对郊野公园整体结构和生态系统的考量，而对城市与郊野公园之间具有重要作用的缓冲地带不予考虑。郊野公园系统的营建不应将城市与绿地、绿地与整个生态系统分割，区别对待。郊野公园不仅仅是在种花种草、绿化美化的层次上，而且还通过发现、梳理和把握城市周边的自然要素，通过对山、水、田、园、林、路、村、城的整体综合协调，把自然元素有机嵌合到城市空间中，给予城市具有生命力的形象和特色（图4-2）。

图4-2　于石澳郊野公园上环顾海景

原则上，郊野公园应能较多地与城市本底风貌发生联系，其形态也应当与城市的总体景观及城市其他类型绿地有机结合，如前文提到的深圳郊野公园、香港郊野公园都是将郊野公园系统与城市及整个生态系统一体化考虑，这样可以遏制城镇无止境地扩张，阻止相邻城镇的连片发展，同时进一步改善城乡环境质量，保护大都市区边缘稀缺的农田、果园、林地等绿色资源或绿色空间，使其成为城市的生态屏障，以寻求人与自然、城市与周边的平衡，突出郊野公园对营造城市生态环境的影响（图4-3）。

在整体风貌方面，北京郊野公园目前还需要认真思考如何将郊野公园变成"公园环"。"公园环"的理念是指在北京边缘地区形成一个生态资源配置体系，强调整体性和生态性，这就要求公园应当是一个整体，某个公园是不能单独完成这个宏大而有特色的任务的。由于北京郊野公园的建设依托于城市绿化隔离带，单个公园的改造工程往往多是自成一家，规划设计上对其他郊野公园及周围环境的总体考虑不足，在建设过程中原有植物往往因地形设计、造景工程等因素而遭受破坏。所以，必须统筹考虑、整体规划，在突出以"林"和"野"的风貌的同时，应注重整体环境的综合效益，这样才会定位准确，不会抹杀掉郊野公园自身的优势和特征，从而保持北京郊野公园的优势和特色，为北京的环境保护作出贡献。

图4-3 塘朗山郊野公园不协调的护栏设计

4.3 控制与开发并重，积极引导郊野公园建设

郊野公园的功能是多元化的，将郊野公园与其他城市功能如休闲游憩、商业相结合，使郊野公园在发挥生态效益的同时，还能产生良好的经济效益和社会效益。但是，一些破坏郊野风貌、与公园游憩性质不符的消极影响是应禁止的。

随着经济的飞速发展，人民的生活水平和对生活质量的要求也日渐提高，人们的闲暇时间增多后，对多种形式的游憩活动需求迫切，若游憩活动没有任何组织和管制，人们随意地去寻找游憩活动场所和进行游憩活动，就会对环境造成更大、更严重的危害。例如烧烤活动：在郊野地区自行搭灶生火，很容易招致山火，不少人折毁树木以作燃料，造成自然植被破坏，还会产生大量垃圾，造成污染。在有些热门的地点，由于人流集中，环境的破坏程度特别严重，树木损毁，土壤压实，受破坏的景观将惨不忍睹。

郊野公园作为城市开放空间，应给予积极引导，提高绿地空间的使用率，发挥其综合服务功能。上海地少人多，郊野公园的使用率高，因此在设计上更偏向于城市公园以满足市民需求。香港通过各种游憩设施、体育设施、漫步道，满足人们活动和交流的需求（图4-4）。在深圳，紧靠郊野公园的外围地带很多被划为限建区，即对郊野公园周边有破坏性影响的开发是绝对禁止的，而对于旅游、休闲产业等易于控制且影响较小的开发则允许进入，并给予支持。

图4-4 香港仔郊野公园游憩设施

郊野公园边界划定的差别集中体现在缓冲区的设立上。香港郊野公园在边界和建成区之间设有缓冲地带；深圳没有香港这么完善，郊野公园局部地区会与城市直接接壤。北京和上海的郊野公园目前还没有设立缓冲区（图4-5）。

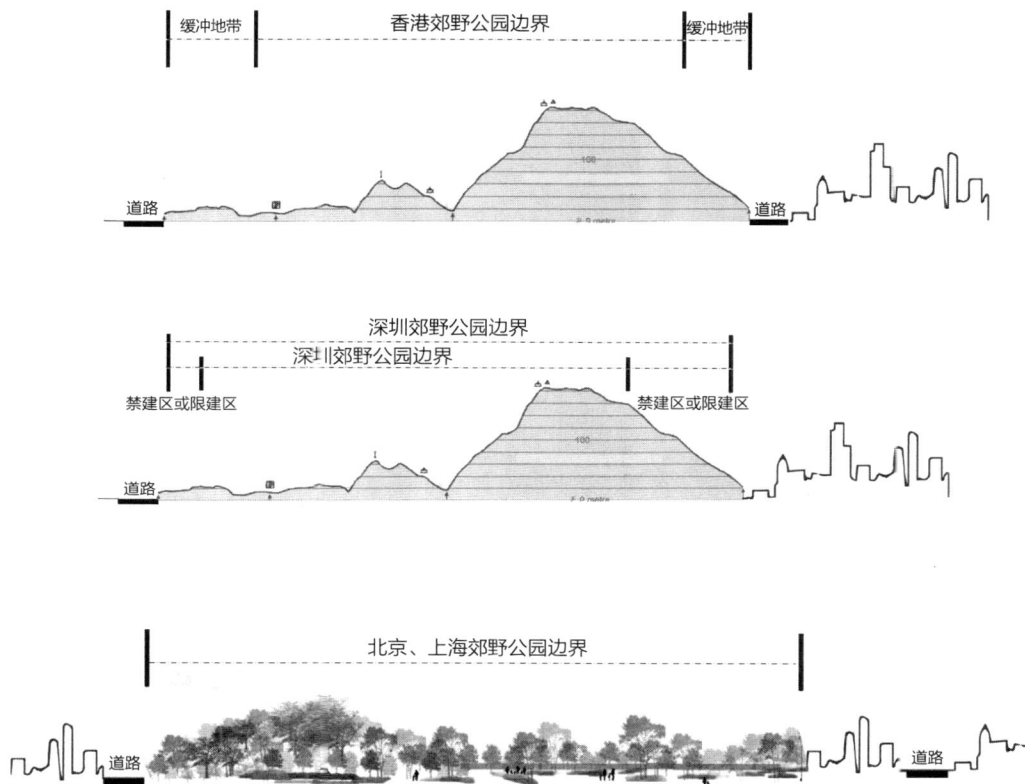

图4-5 四城市郊野公园边界

在郊野公园，一个严格意义上的"活动区"应是提供郊野游憩、科普教育、体验自然的活动场所。在这样的情况下，如果区内的各种活动受到严格控制，并排除破坏性的活动，一般不会对郊野公园造成影响，并可以起到防止或缓解周围活动直接影响保育区的"缓冲"作用。然而，现实情况是，如果郊野公园与城市直接相连，大量的住宅、商业建筑会影响和威胁郊野公园的保护，同时，公园的溢出价值也会被利用进行商业开发，公园实际上就会成为少数人使用的私家花园，使得活动区失去控制。因此笔者认为，郊野公园与城市之间必须设立缓冲区，这个缓冲地带可以是农田、郊野保护地带，但绝不可以是建设用地。

4.4 通过立法保护郊野公园不被侵蚀

城市的发展模式由以中心集聚为主转变为以离心扩散为主，许多城市提出了多中心、组团式的"蛙跳式"布局模式，组团之间以绿带隔离。但这些"郊野公园"优美的自然生态景色吸引了房地产商的投资与开发，大量绿地被圈占。

通过权威的法律保护郊野公园空间的完整性和高品质是最有效的措施。由于城市化进程加速，城市近郊区成为乡镇工业等非农产业和宅基地迅速扩散的最前沿，乡镇企业在布局上往往沿城市对外交通干道布置，侵占规划沿线及其两侧绿化隔离带的现象屡见不鲜。《郊野公园条例》对香港郊野公园的外围城市建设有严格的要求，通过立法保证郊野公园在地方政府的开发行为中得以保存。同时也要保障相关政策的长期稳定和延续，如香港的《郊野公园条例》（图 4-6）、深圳的基本生态控制线等绿地保护政策，有力又具有延续性，使得郊野公园得到了保护。

深圳的山林山体缺少规范性管理。山林虽有归口管理部门，却无具体的管理单位和管理人员，经费也严重不足。近年来，随着城市化进程的加速，受经济利益的驱使，开山采石和毁林种果的现象十分严重。大南山、羊台山等山体植被破坏严重，水土流失、垃圾污染的状况令人触目惊心。塘朗山野生苏铁保护区是广东境内已发现的最大的野生苏铁种群，有 2600

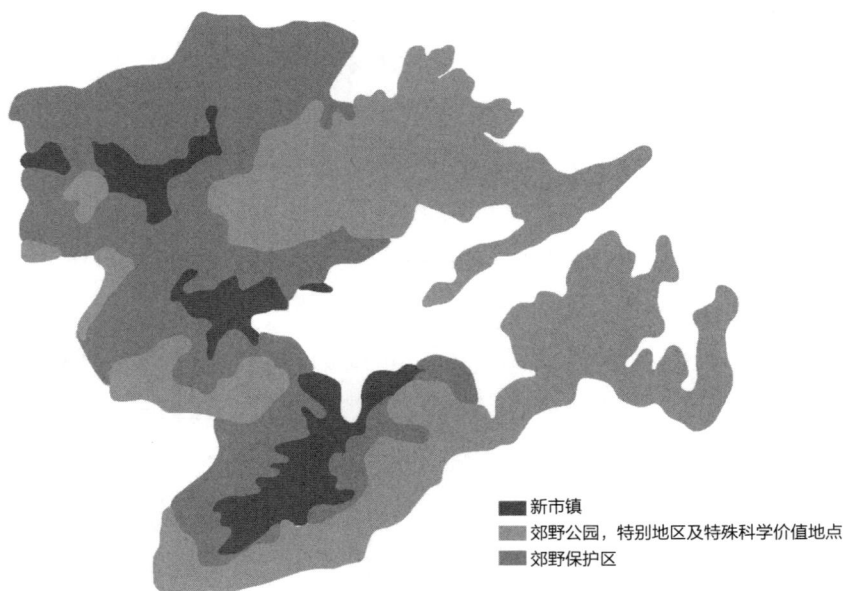

■ 新市镇
■ 郊野公园，特别地区及特殊科学价值地点
■ 郊野保护区

图 4-6　香港东北次区域规划

郊野公园规划研究

多株，数量在国内也是数一数二的；但由于大规模的开垦，破坏了原有的生态环境，致使国家一级保护植物桫椤和苏铁的数量急剧减少，濒于灭绝。七娘山原本郁郁葱葱的树林被砍伐掉，代之的是像大寨梯田式的荔枝、龙眼、菠萝园，从山上一直延伸到海拔二、三百米处。根据华侨城盐田旅游项目的总体规划，马峦山跃进水库周围将建两个高尔夫球场。高尔夫球场的大面积、高强度开发必然会破坏现在的自然植被和水源涵养林，使水源涵养失掉根基，汇水区不复存在，而水库也会干涸。

深圳郊野公园规划是在划定基本生态控制线之前确定的。1995年深圳开始逐步建立郊野公园规划，但由于城市发展迅猛，使得土地开发规模不断突破规划，1996年版的深圳城市总体规划中预测全市城市建设用地需求量为：2000年377.8km²，2005年424.4km²，2010年478.7km²。而在实际开发中，仅在2004年城市建设用地面积就已达839.42km²，超过规划面积的一倍。深圳的空前发展，在短时间内城市可建设土地被大量使用，而规划中的郊野公园用地同样遭受到了影响，不少已规划的郊野公园用地被开发，树木被砍伐。所以，严格控制城市建设用地规模，如何高效、集约地利用土地成为城市发展迫在眉睫的问题（图4-7、图4-8）。而作为城市结构中的重要组成部分，保护城市内部的自然地理环境已成为规划建设的首要任务，因此，为了加强城市生态保护，防止城市建设无序蔓延危及城市生态系统安全，深圳市于2005年制定了基本生态控制线的规定，从而通过法律法规和禁建区、限建区的划定对郊野公园外围缓冲地带进行了有效保护。

图4-7 塘朗山外围的房地产项目

图 4-8　郊野公园停车位成了周边居住区的私家车位

以深圳茜坑郊野公园为例，1996 年划定的公园规划面积为 2070hm^2，由于茜坑郊野公园在规划后未及时开工建设和投入使用，在 2005 年土地利用现状图上已经有大面积的郊野公园用地被占用。为了及时遏制这种土地流失现象，2005 年在基本生态控制线的管控下并同时采取空间管制措施，才使得茜坑郊野公园剩余的规划用地得以保留。在 2007 年深圳市城市总体规划中，新的茜坑郊野公园面积已变为 1850hm^2，比原来划定的面积减少了 200 多公顷。

在综合运用现有保障机制的基础上，还需要充分提升地方组织与公众参与郊野公园管护的积极性，形成自下而上和自上而下的配合管理，保障郊野公园正常运行。这类管理措施包括：向公众宣传郊野公园规划方案并征求反馈意见；把郊野公园规划整合到城市规划过程中；向公众宣传郊野公园的益处；与能帮助支持和维护郊野公园的个人或组织建立合作关系。

参考文献

［1］　张骁鸣. 香港郊野公园的发展与管理 [J] . 规划师，2004，20（10）: 90-95.

［2］　俞孔坚，叶正，李迪华，等　论城市景现生态过程与格局的连续性 [J]. 城市规划，1998，22（4）: 14-17.

［3］　杨冬辉. 关于城市与城市森林同步规划的思考 [J]. 规划师，2002，12: 25-28.

［4］　林楚燕. 郊野公园地域性研究——以深圳郊野公园为例 [D]. 北京: 北京林业大学，2006.

［5］　刘海凌. 郊野公园基础性研究 [D]. 上海: 同济大学，2005.

［6］　胡卫华，王庆. 深圳郊野公园的旅游开发与管理对策 [J]. 现代城市研究，2004（11）: 58-63.

5

郊野公园规划方法

从上一层次分析这个问题，实际上郊野公园的功能分为核心功能（生态功能）和衍生功能（商业功能）两类；经济效益分为直接效益（生态效应）和间接效益（游憩、生产等）两类。如果考虑郊野公园的生态功能和商业功能之间的矛盾，核心问题就是要"生态"还是要"效益"。如果郊野公园的生态功能和商业功能是可以和谐发展的话，核心问题就成了空间组织问题即空间规划问题。所以，郊野公园本身的开发和空间组织与生态的矛盾实际上是如何通过生态手段、技术手段，在保障生态协调有序的前提下实现尽可能多的利益的问题。

5.1 规划理念

无论从发展历程还是设立郊野公园的目的以及郊野公园的功能来看，生态保育和维护城市生态资源不被破坏是四座城市建立郊野公园的主要原因。

首先，"生态保育"（conservation）是郊野公园的核心任务，即为了保护森林、鸟兽不受侵害，借鉴保护地的理念，划定郊野公园（图 5-1）。

其次是"教育"（education）功能，郊野公园应该是一个可接受环保教育的场所。"为此而拟定的项目包括将保育概念纳入学校课程、设立郊野公园游客中心、修建郊游径及自然教育径、为志愿团体和学校提供郊野活动计划及安排游览郊野公园等活动。"这样，市民到达郊野公园能够获得知识，更重要的一点就是通过"教育"环节，加深游客的自然保护意识，进入郊野公园后不自觉地就加入到了执行郊野公园规定和环保的行列。

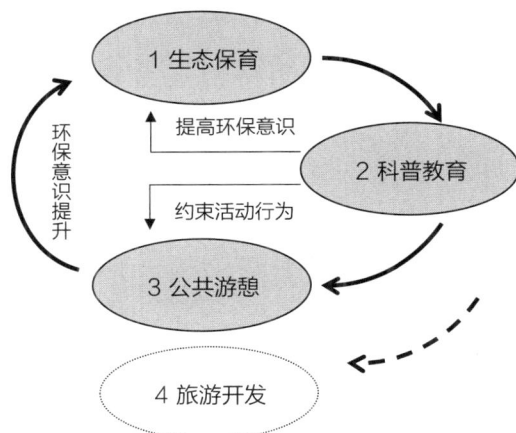

图 5-1 规划理念示意图

第三，"提供公众休闲游憩"（public recreation），即对郊野公园进行分区划定，在不影响保育区生态资源的情况下，在郊野公园边界和保育区之间的场所，提供诸如烧烤炉、野营地、游客中心、巴士站点、停车场以及郊游路径等设施，以供市民郊游休闲。

第四，相对来讲，郊野公园的规划中没有"旅游服务"（tourism）的概念，其设立的宗旨也不是为了旅游开发。这与郊野公园的自身定位、资源品质相关，旅游服务不在郊野公园设立目标之内。

5.2 郊野公园的选址

郊野公园的选址是空间规划的前提，对城市和郊野公园本身都具有决定性的影响。

5.2.1 位于城市边缘地区

郊野公园距离城市中心区较远，一般位于城市边缘地带。城市边缘区具有重要的生态资源价值和空间战略价值，对维护和优化城市环境和空间形态具有重要结构意义，具有控制、防护、引导城市实体合理有机发展的作用（图 5-2）。

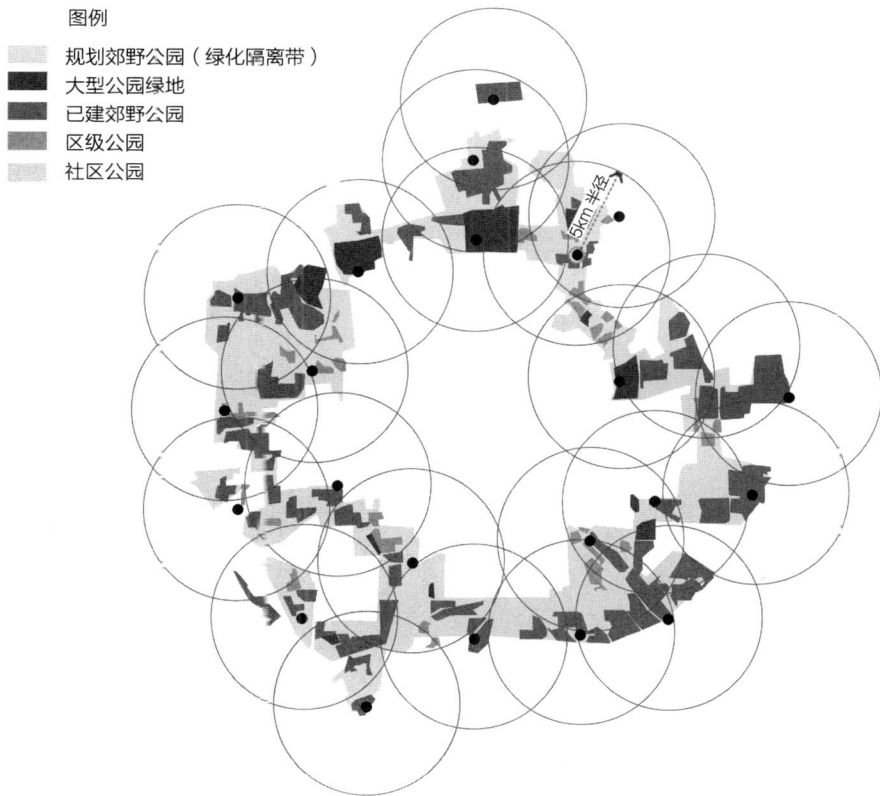

图 5-2 北京郊野公园的 5km 服务半径

5.2.2 自然乡土的本底条件

不是所有的城市郊野绿地都可以作为郊野公园用地，而被选择作为郊野公园的地区主要是因为其蕴含了一定的生态资源。香港郊野公园的开创者之一，美国环境学家戴尔博在1965年发表《香港保存自然景物问题简要报告及建议》中提到，建议划为郊野公园的地方，其"范围必须覆盖受保护的地区，并可以作为科学研究机构普及教育之用，同时又能保护濒危物种"。由此可见，自然本底和生态保护在郊野公园选址中的重要性（图5-3）。深圳郊野公园的选址一般为具有完整、自然的地形地貌，以及良好森林生态环境的地区。北京的郊野公园的用地基础多以苗圃地为主，但选址上仍然会选择林相、长势较好的林地，这样对于营造生态系统更为有利。

从生态资源方面，郊野公园会选择有自然山体、水体和植被优良的地区，以及具有自然乡土地域特征的地带。陡坡山林、河湖溪涧、荒滩湿地等原生状态的土地往往是生境类型和生物多样性丰富的地区，对维护自然生态具有重要作用。从人文资源方面，郊野公园宜选择经过本地长期经济活动形成的郊野乡村、农田牧场、果园、种植园、农舍村落交错融合的独特景观处，包括传统民居及陵园、墓园等聚落形态构成的本土文化景观。

图 5-3 通往石澳郊野公园的乡村小路

5.2.3 具有一定的规模

郊野公园一般规模较大，据笔者统计，香港郊野公园面积从 47hm^2 到 5640hm^2，共计约 410km^2，占全港面积的 40%；深圳郊野公园面积从 70hm^2 到 12310hm^2，总面积 636km^2，占全市面积的约 32%；北京郊野公园从 10.6hm^2 到 787hm^2，平均规模 130hm^2，总面积 78km^2，占全市面积的 0.46%（已规划项目）；上海郊野公园面积在 200hm^2 与 700hm^2 之间，十大片林现面积为 34km^2，约占全市面积的 0.5%。因此，郊野公园选址应选择具有一定规模的城市边缘绿地。

5.2.4 选址评析

选址是郊野公园规划的前提，关系到其能否发挥综合效益。郊野公园选址一般要考虑区位、生态和面积三方面特征，根据城市的不同需求，侧重点亦不同。如香港郊野公园更重视生态保护，对生态资源的要求较高；深圳需要构建城市防护体系，就更注重公园的区位和面积；北京用郊野公园环来调整城市结构，对选址的三要素都很重视；上海用地紧张，更多希望通过大面积的郊野公园缓解城市绿地建设的压力。

5.3 生态规划

郊野公园生态规划的原则包括：①生态价值原则。在郊野公园规划中，遵循代内、代际以及物种之间的公平原则，体现自然环境的生态价值。②自然演进原则。郊野公园需要在了解自然演进规律的基础上进行综合规划，确保自然演进的过程不被破坏。③自然边界原则。郊野公园的边界是保证自然演进的最小区域范围，科学的边界能够有效地保护自然敏感区以及自然系统的发育，促进自然界整体的稳定。④最小限度原则。在郊野公园允许发展的地区，做到对自然的破坏是最小限度的（图5-4）。

郊野公园规划的前提是有足够的本底生态资源的数量和分布情况的资料，以便进行生态规划。而且需要在不断更新保育资料的情况下，建立一套系统的生态资料库，从生态的角度对规划及时进行修订和调整。

5.3.1 不同层次的生态规划

郊野公园几乎都是在基础条件不好，没有原始生态资源的条件下，经过人工绿化最终形成的生态系统，其植物种类经过筛选，并通过科学的生态规划。这也可以解释，为何郊野公园建设前期绞长，探索期也较长。郊野公园需要根据不同地区植被的生长势和布局情况对其进行不同级别的保护，或采用生态恢复设计手法对其进行植被恢复和植物群落的重建，遵循保护与可持续开发相结合的原则（图5-5）。不同地区和城市由于地域条件的不同，所进行

图5-4 北京麋鹿苑内的麋鹿保护区

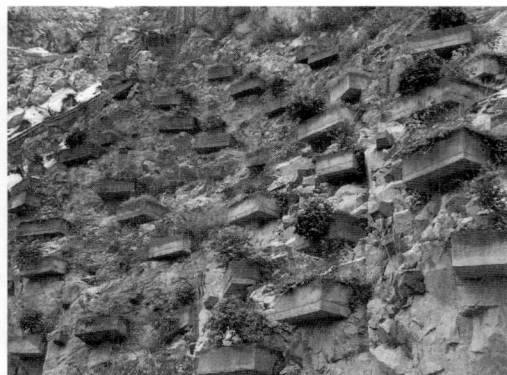

图5-5 塘朗山郊野公园山体绿化措施

的生态规划内容也会不同。根据郊野公园不同的生态资源特征，可以将郊野公园的生态规划分为三个层次：非生态阶段、生态阶段、生态多样性阶段。

处于第三个阶段的郊野公园，一般资源状况较好，由于地理条件和发展时序等先天因素，在郊野公园建立之初就已经具备了良好的生态条件和生态多样性，因此在郊野公园规划中对于生态资源，以控制和保护为主、恢复为辅，如香港、深圳的郊野公园。

处于第二个阶段的郊野公园，资源状况一般，但已经具备一定的生态特征，如上海的滨江森林公园。其生态规划一般以恢复为主，通过恢复生态学的方法呈现原有的生态资源丰富度，以期逐渐过渡到生物多样性阶段。

处于第一个阶段的郊野公园，生态资源状况较差，基本没有生态系统，依靠绿化隔离带而建的北京郊野公园即处在这一阶段。根据原有不同的植物群落类型，在生态学、恢复生态学的指导下，增加或调整树种，进行生态恢复设计，形成地域性的植物群落，力求生态化、群落化。如果短时间内不具备形成自然生态系统的植物群落，如苗圃、果林等，则调整、保留现有数量较多、长势较好的苗木，手法模拟自然，通过模拟自然群落的人工形式进行整体的绿化设计（图 5-6）。因此需要通过大量绿化和模拟自然环境来达到较好的生态效果。这一过程可能会比较漫长，需要十几年甚至几十年的时间才能建立起模拟自然的植物群落，而这也不可能通过一个规划就能够完全实现，需要多方面知识和技术的支持。

图 5-6　北京八家郊野公园

5.3.2 生态资源调查与评价系统

郊野公园规划必须进行生态资源调查和评价。其中基本内容包括生态资源调查、分类与分级。

1. 生态资源调查

生态资源调查是对郊野公园基本情况信息和资料的系统获取，这些资料和信息用来描述一个地方的特征，也是资源分级、空间规划的基础。

调查中应了解公园中的物理环境状况、生态资源状况、生态资源的具体空间分布状况、典型物种的生境范围和活动范围等（图 5-7、图 5-8）。

在资源调查中，需要对包括气候、地质特征等大尺度因子多加了解，这有助于理解当地的土壤和水系，继而决定该地区出现的植物和动物。生态规划师所面临的挑战是要以地质学的思考方式同时在时间和空间上思考问题。野外生态资源的调查方法有很多种类，在生态学中有详尽的描述。而在生态规划中，规划师应该以从老到新的顺序对要素进行调查。对生态资源的系统调查是以对自然过程的理解为目的，而不仅仅只是数据的收集。

2. 生态资源的分类与分级

郊野公园的生态资源分类既应遵循科学分类的通用原则，又应遵循风景学科分类或相关学科分类的专门原则。

图 5-7　西贡东郊野公园的特色地貌

图 5-8　狮子山郊野公园中的猕猴

郊野公园的生态资源主要包括生境和生物两类。

生境资源主要包括：郊野公园的物理环境资源、景观资源，郊野公园的地形地貌、土壤、水文、气候（包括区域气候和小气候）。

生物资源主要包括：植被、野生动物和微生物等。

通过对四座城市郊野公园生态资源的研究，归纳总结成以下分类简表。在具体规划操作层面，需要重点了解某些生态资源的类型以及更具体的特征（表5-1）。

郊野公园生态资源分类简表 表5-1

大类	中类	小类
生境	地形地貌	海拔、坡面
	岩性	火成岩、沉积岩、变质岩
	土壤	沙土、壤土、黏土（不同土壤分类方法所需不同）
	水文	河流、湖泊（水库）、湿地、瀑布、滩涂、海湾
生物	植物	植被类型（原生生态林、次生生态林、人工绿化林），植被种类（种类、分布、组合与群落），珍稀保护种类
	动物	昆虫、两栖动物、鸟类、哺乳动物、爬行类、珍稀保护动物

郊野公园的建设应遵循分级保护、分级开发。郊野公园的生态资源可分级为重点保护资源、一般保护资源、可利用资源等。郊野公园保育区的划定与生态资源的调查直接相关，保育区的划定依据即为调查得到的动植物资源种类和空间分布点，以及动物栖息地、活动范围等，并根据不同的生态资源级别进行分区。

5.3.3 生态修复规划框架

郊野公园的生态规划应通过人工干预，以本地自然生态系统为目标，提高和恢复退化的或简单的郊野公园生态系统及其周边环境的生态功能，达到生态价值最优。从根本上来说郊野公园的生态规划即为在一定范围内的生态修复过程。

这里指的生态修复是在郊野公园发展过程中的四个阶段，包括：①规划、②设计、③实施和④维护。这个框架可以应用在不同尺度、不同环境条件和地理区位的郊野公园项目中。其中，每个阶段又可以分解成一系列的项目环节，从项目规划和管理开始，一直到后期维护。一旦郊野公园生态系统走上了预期的轨道，外界认为不再需要援助，那么就可以认为修复工作已经完成。整个过程可能会涉及几个或几十个步骤，具体取决于项目的复杂程度。

郊野公园的生态修复规划分为短期修复和长期修复两种。草地、禾本科湿地等类型的郊野生态系统相对容易恢复，可以选择短期修复；而其他的生态系统如森林，可能需要长时间才能恢复。虽然我们可以通过植树来启动森林恢复过程，但要实现完全恢复，森林应该具有齐全的功能。在具体的生态修复实践中，灌木对于郊野公园的生态功能价值很高，灌木林对于本地物种种群的栖息亦具有重要意义，如鸟类、爬行类、小型哺乳动物等，灌木林面积和比例很大程度上决定了生态恢复的速度和效果。

5.4 空间规划思路

5.4.1 生态资源评价

在经过分类和分级之后　应当对郊野公园的生态资源进行分析和评价，结论应包括生态资源的种类和级别，资源的数量、类型、生长状态等综合特征。这些特征是确定郊野公园性质、发展对策、规划布局的重要依据。

5.4.2 确定规划边界、分区与游人容量

通过适宜性分析，根据自然资源评价得到生态资源评估的结果来确定郊野公园的边界、分区和空间布局。

郊野公园中一般都有明确的边界，可以是自然边界如河流、悬崖等，或人工边界如道路、栅栏、地标等，通过这样的线性地标物最容易确定范围。而一些模糊的边界或没有确定地面标志物的地方则会通过约定俗成的边界或心理边界等加以划定。

以香港城门郊野公园的边界为例，主要由两条道路和 3 个范围边界确定，大部分荒野区（保育区）这一不好界定的区域由道路来明确划分出，而游憩区由于目标群体确定，活动设施亦可限定范围，边界较容易确定（图 5-9）。

在郊野公园分区方面，各地区和城市的具体分区方式有所不同，后文将详述。

在游客数量方面，郊野公园一般的游人容量通过以下公式计算：

公园游人容量 = 公园可游览面积 / 公园游人人均占有面积

公园日游人容量 = 公园游人容量 × 日周转系数（日周转系数为 1）

年游人量 = 日游人容量 × 全年可游览天数（全年以 100 天计算）

以塘朗山郊野公园为例，日游人容量为 6000 人，年游人容量为 60 万人次。大南山郊野公园一次性进入 2 万人时需要封山管制，山体公园停留的人过多会产生安全隐患。

5.4.3 建立空间规划系统

郊野公园的规划是具有连续性的，保育理念给空间的落实设定了明确的方向。通过总

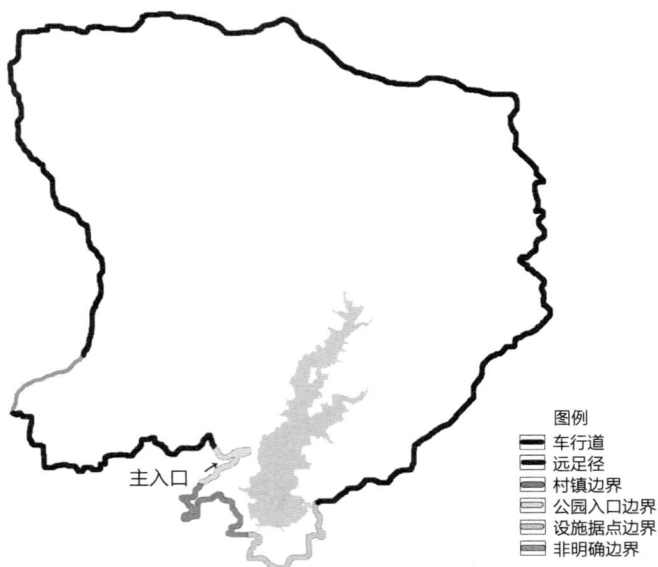

图例
车行道
远足径
村镇边界
公园入口边界
设施据点边界
非明确边界

主入口

图 5-9　城门郊野公园的边界

结四座城市郊野公园的规划思路，笔者将郊野公园规划方法总结为"分区—路径—设施"（图 5-10）。

分区：即不同的分区规划。一般情况下，郊野公园分为 3 个区域：保育区、缓冲区和活动区。其中，缓冲区与活动区重点在于开发和利用，保育区则重在环境保护。

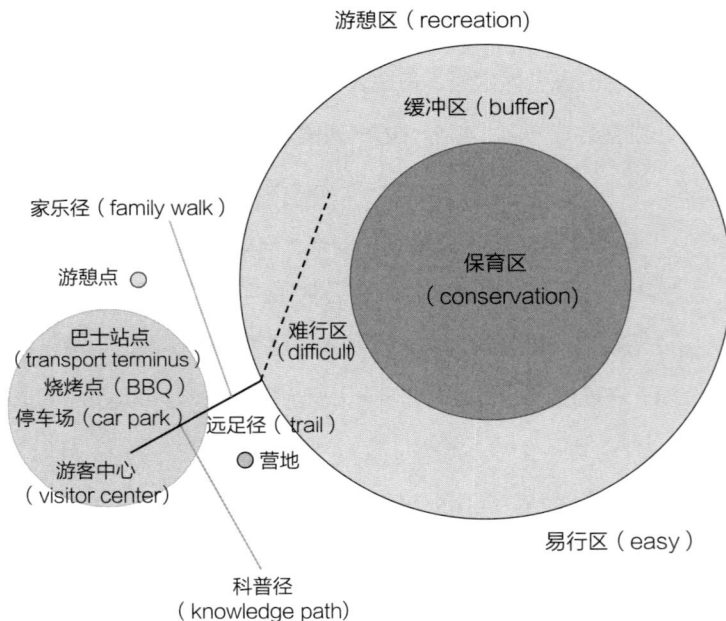

游憩区（recreation）

缓冲区（buffer）

家乐径（family walk）

游憩点 ○

巴士站点
（transport terminus）
烧烤点（BBQ）
停车场（car park）
游客中心
（visitor center）

难行区
（difficult）

保育区
（conservation）

远足径（trail）
○ 营地

易行区（easy）

科普径
（knowledge path）

图 5-10　郊野公园空间规划思路示意图

路径：即郊野公园的路径规划。郊野公园主要是通过不同类型的道路来实现游客的游憩过程。

设施：即郊野公园的游憩规划。包括了多种类型的游憩方式。

如果把分区、路径和设施看作"面、线、点"，那么空间规划就是通过"面"来决定"线"和"点"的布局，由'线'串联"点"；同时，"点"和"线"的确定又能够约束"面"的范围，从而实现统一的、易于管理的空间结构。

5.5 分区规划

一般情况下，郊野公园具有多种功能，为了充分发挥各种功能，通常对郊野公园实行分区规划。郊野公园的功能区划即为根据生态保护对象及其周边环境特点，划分出具有不同管制重点的区域（图 5-11）。

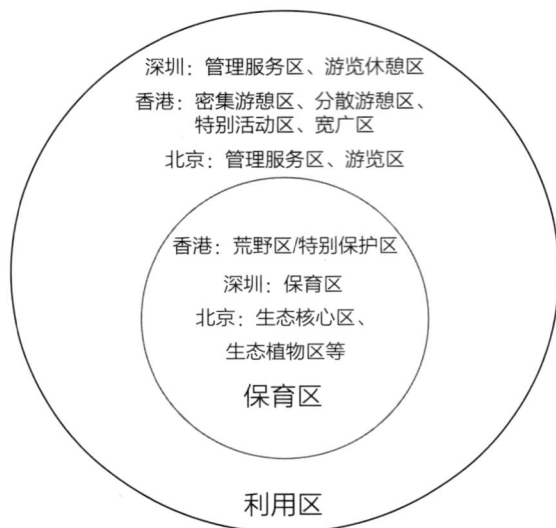

图 5-11 分区规划示意

5.5.1 体现理念的分区规划

从概念上讲，郊野公园可以大致分为保育区和利用区两类。

保育区保护和培育森林植被的完整，保护和维护生物种群、结构及功能特性，使郊野公园具有良好的森林生态环境、游览环境和景区发展备用地。在香港、深圳，针对林木多、坡度大、景物少、生态敏感、当前不适宜景区开发的用地，城市重要背景景观的用地以及未来景区发展用地，通常将其划为森林生态保育区。在北京、上海等平原地区的郊野公园，通常将经过多年形成的、结构稳定的原生态植物群落（包括次生态林、杂木林及草甸植物群落、原滩涂湿地等）及珍稀动植物保护地带会划为保育区。

利用区是郊野公园服务游客的区域，交通方便，设施丰富，能够满足绝大多数游人的休闲、游憩需求。利用区包括郊野公园入口、停车场以及餐饮小卖、管理服务、游览休憩等供游人使用的区域。考虑到景观和生态差异，并根据环境容量程度的不同确定各区的规模和使用强度。如接近市区或交通便利的区域可设有较多的康乐设施；位置较偏远，游人量较少的区域，所提供的设施也会相应减少。不同城市的郊野公园根据郊野公园内的区位和具有的价值对利用区继续划分，如香港将游憩区划分为密集游憩区、分散游憩区和特别活动区等（表5-2）。

不同城市的郊野公园分区　　　　　　　　　　　　　　　　表5-2

分区	香港		深圳	北京	上海
利用区	游憩区	密集游憩区	管理服务区	管理服务区	管理服务区
		分散游憩区（特别活动区）	游览休憩区	亲子/科普/文化展示游览区	亲子/科普/文化展示游览区
	宽广区				
保育区	荒野区/特别保护区		保育区	生态核心区、生态植物区等	生态核心区、生态植物区等

5.5.2　郊野公园的功能分区

从表5-3所示的3个典型郊野公园案例中可以看到，郊野公园的分区通常包含保育区和利用区两大类。下文以香港郊野公园为例进行分析。香港将郊野公园分为密集游憩区、分散游憩区（特别活动区）、宽广区和荒野区4个分区。荒野区以资源保护为主，以保育自然状态。

郊野公园分区对比　　　　　　　　　　　　　　　　表5-3

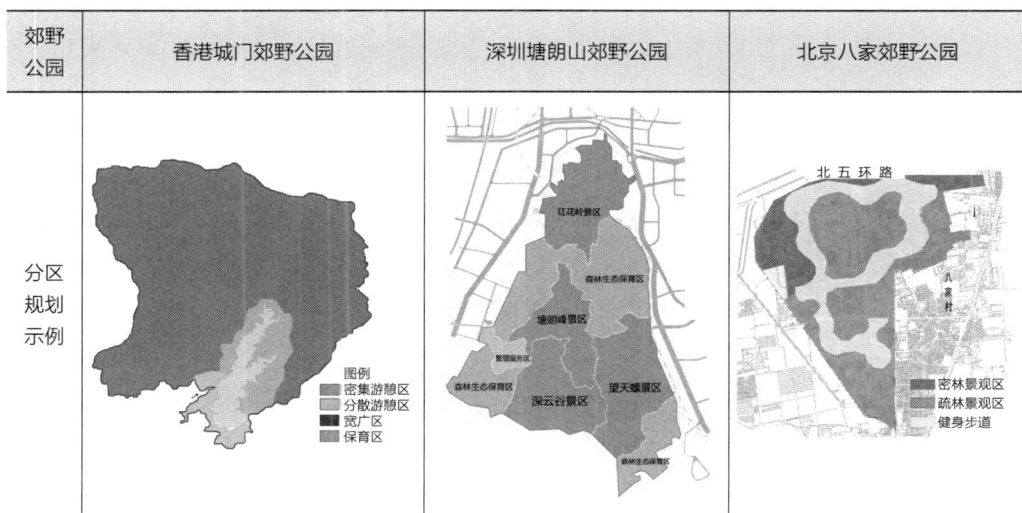

郊野公园	香港城门郊野公园	深圳塘朗山郊野公园	北京八家郊野公园
分区规划示例			

郊野公园	香港城门郊野公园	深圳塘朗山郊野公园	北京八家郊野公园
分区	密集游憩区、分散游憩区、宽广区、保育区（荒野区）	各类景区、管理服务区、森林生态保育区	密林景观区、疏林景观区、健身步道区
面积（hm²）	1400	1021	101

1. 密集游憩区

这个区域是游人密度最高和使用程度最高的地方，一般位于郊野公园的入口附近，是公园内最方便、最容易到达的地区。密集游憩区的游憩设施及其他设施也是最充足的，有烧烤炉、野餐桌椅、儿童游乐设施、游客中心、家乐径等，并设有小食亭、厕所、电话亭、停车场、公交车站等公共设施（图5-12）。

2. 分散游憩区

分散游憩区毗邻密集游憩区，位置相对较偏僻，通常是一些低矮山地，平地较少，不宜设置太多的游憩设施，这个区域可提供较短的步行径，在适宜的地方也设有休憩地点、避雨亭、观景点、野餐地点等设施（图5-13）。

图5-12 密集游憩区

图5-13 分散游憩区

图 5-14　宽广区

3. 特别活动区

特别活动区一般设置于一些弃置的石矿场、收回的采土区等区域，可让一些对环境有较大影响的活动进行，如攀岩、爬山单车、模型飞机和汽车越野等。

4. 宽广区

宽广区设置于郊野公园较深入的位置，需要步行才可抵达，这个区域景观优美，其中开辟有远足径、自然教育径等郊野路径，并设有路标、少量避雨亭或休憩地点，为了方便二日游游客，也设有一些露营场地（图 5-14）。

5. 荒野区

荒野区以野生动植物保育为主要功能，位于公园最偏僻的区域，交通可达性差，已有路径也是远足徒步人士通过探险踩踏出来的，保持着自然的景观状态。可开展的活动包括露营等，除数条小径外没有其他设施。另外郊野公园内还划定有特别保护区，是具有科研价值的自然景观地区，管理条例比郊野公园更加严格。

深圳将森林郊野公园划分为核心区、缓冲区、实验区三个分区。核心区和缓冲区占公园土地面积的 80% 以上，禁止开发；只有占公园土地面积 20% 的实验区适当开放，为科学实验提供必要的条件，为游人提供参观考察、生态旅游的空间和必要的服务设施。北京郊野公园大多由绿化隔离带所构成，因此规划结合了植被景观特征形成不同的功能分区，包括入口区、密林区、疏林区、花木区、滨水区、健身区等，同时根据不同的分区规划增加乡土落叶乔木及花灌，丰富林缘景观并增加色彩层次。上海郊野公园在突出生态景观功能的同时，增加了乡村田园在郊野地区的价值，在水田交织、水网密布的郊野环境中，丰富的田园景观呈现出鱼米之乡的典型肌理。在乡村振兴政策的引导下，上海郊野公园在常规的功能分区中增加了农业休闲区，在生态建设结合和郊区环境改善方面增加了产业服务内容，促进乡村发展并提供农民增收的机会，很好地结合了郊野公园的地域特征和本土文化。

5.5.3 保育区面积与公园面积的比例关系

对 12 个郊野公园的规划和实施情况进行数据化分析，发现郊野公园的保育区面积与公园面积成正比，这也是对郊野公园保育理念的集中体现。而郊野公园的利用区面积差别不大，不随公园的规模变化而变化（图 5-15、表 5-4）。

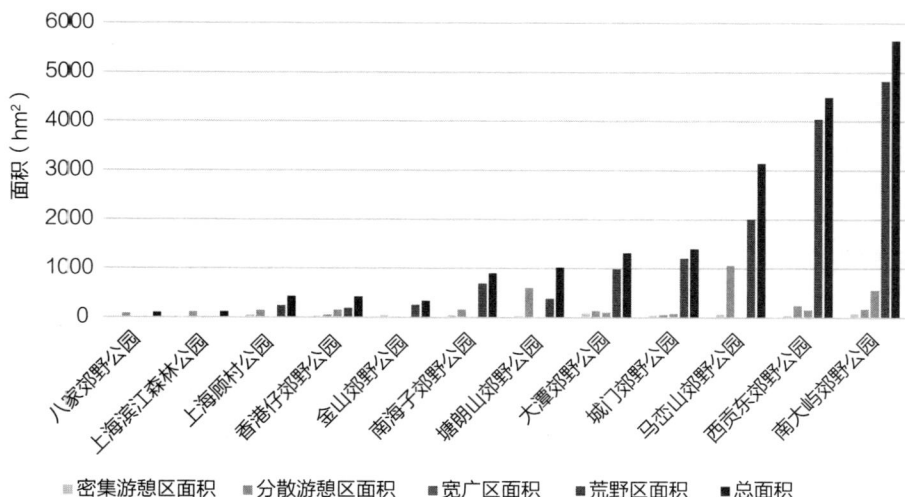

图 5-15　郊野公园分区面积比较

郊野公园	密集游憩区（包含管理服务区）（hm²）	分散游憩区（hm²）	宽广区（hm²）	荒野区（保育区）（hm²）	总面积（hm²）
八家郊野公园	19.4	81.6			101
上海滨江森林公园	5.1	114.9			120
上海顾村公园	44.25	144.45		244.8	433.5
香港仔郊野公园	29	55	109	230	423
金山郊野公园	45	17	20	255	337
南海子郊野公园	44.5	162.27		696.23	903
塘朗山郊野公园	30	607.03		384.46	1021.49
大潭郊野公园	80	136	106	993	1315
城门郊野公园	42	63	82	1213	1400
马峦山郊野公园	70	1066		2006	3142
西贡东郊野公园	44	247	155	4031	4477
南大屿郊野公园	80	178	263	5119	5640

5.5.4 利用区面积相对恒定

经过研究分析，郊野公园的利用区面积一般在 100~800hm²，其中以密集游憩区和管理服务区的面积最为恒定，面积在 20~80hm²；宽广区和游览休憩区在 40~1000hm²，变化幅度较大（图 5-16、图 5-17）。

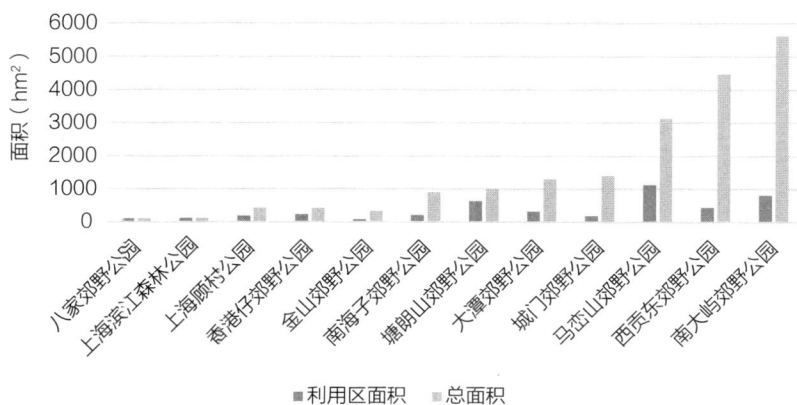

图 5-16 郊野公园利用区和公园面积比较

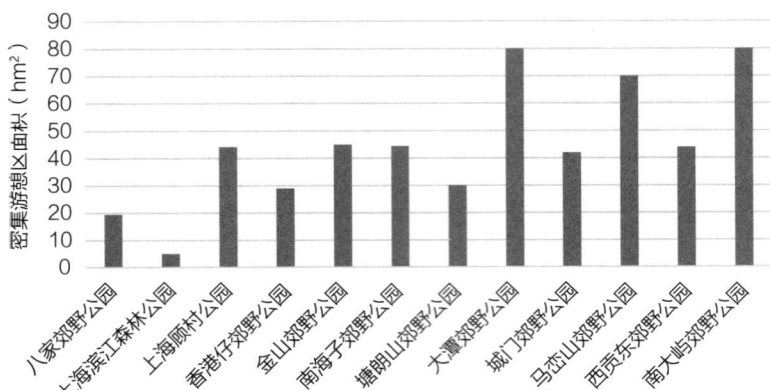

图 5-17 郊野公园密集游憩区分析

5.5.5 保育区和利用区的面积比例特征

通过对不同规模郊野公园的分区进行量化分析发现，不同规模的公园，其利用区和保育区面积的比例值相对固定。一般情况下，中小型郊野公园（300~1000hm²）的活动区与保育区的面积比在 1：1~1：3；大型郊野公园（1000~3000hm²）的活动区和保育区的面积比在 1：4~1：9；特大型郊野公园（>3000hm²）的两区面积比在 1：10 左右（表 5-5）。

郊野公园利用区与保育区比例分析　　　　　　　　　　　　表 5-5

郊野公园	公园总面积（hm²）	密集游憩区	分散游憩区	宽广区	荒野区（保育区）	利用区与保育区面积比
香港仔郊野公园	423	29	55	109	230	1：1
金山郊野公园	337	45	17	20	255	1：3
大潭郊野公园	1315	80	136	106	993	1：3
城门郊野公园	1400	42	63	82	1213	1：6
马鞍山郊野公园	3142	70		1066	2006	1：2
西贡东郊野公园	4477	44	247	155	4031	1：10
南大屿郊野公园	5640	80	178	263	5119	1：10

5.5.6 界定分区空间范围的方式

郊野公园在各分区之间没有具体的地标性界限，主要通过分区内的设施来约束，除了特殊情况，如濒危动植物、典型保护性群落可能有确定的界限外，一般郊野公园的分区主要通过路径规划和设施点的分布来控制分区的范围。

5.6 路径规划

郊野公园的一个特征就是路径多而且距离长，不同于风景区道路主要用于连接景点，郊野公园的路径承担了更多的功能，包括公园管理、游憩、教育以及控制分区范围等。因此郊野公园的路径规划是最富代表性的郊野公园规划特色。

5.6.1 延续理念的路径规划

遵循整体性、生态性、景观性以及分级设置的原则，郊野公园园路随地形地貌、河湖水系等以自然式布局为主，一般会形成环网状结构。

从表5-6所示的三个典型郊野公园案例中可以看出，郊野公园的园路一般分为机动车道（行车径）、郊游路和小径三级。机动车道主要考虑游人游览的便捷性，一般与城市道路衔接，用于公园管理和防护，路面宽度4~7m。郊游路是郊野公园的主要游憩道路，郊游路

郊野公园路径对比　　　　　　　　　　　表5-6

郊野公园案例	香港城门郊野公园	深圳塘朗山郊野公园	北京八家郊野公园
路径规划			
总长度	56260m	38152m	11885m
行车径	12080m	6897m	
郊游路	28320m	12080m	
小径	15860m	19175m	
面积	1400hm²	1021hm²	101hm²

连接郊野公园的主要景区景点，代表公园的最佳游线，创造郊野公园的特色。郊游路有多种类型，使用沥青材质或就地取材用块石砌成路面、坡道和规则式台阶，路面宽度 1.5~4m。小径沟通景区中各景点，穿行于山谷、山脊和林中，是体验山林野趣、回归自然、贴近自然的游线，供游人自由选择。小径路面形式要因地制宜、因景而异，充分利用自然地形地貌、防火道和现有的登山路，路宽 1.0~1.5m。保育区的小径通常是由远足人士踩踏出来的。道路对于公园的自然与文化环境影响很大，规划上需要秉持谨慎和精心的态度，才能通过园路丰富游客的游憩体验。

三类路径空间分布特征体现了分区的规划要求：行车径（图 5-18）和大部分郊游路（图 5-19）位于密集游憩区和分散游憩区，小径（图 5-20）一般位于保育区（荒野区）。

游客对公园园路上的私家车等有诸多不满，因此从空间上，应将徒步与车行系统分开。

郊野公园道路一般是在对自然环境产生最少影响的情况下，为游客提供安全便利的交通，同时也是开展郊野游憩的主要功能设施。

图 5-18 行车径

图 5-19 郊游路

图 5-20 小径

5.6.2 不同公园的路网密度特征

公园路网密度是地景密度概念中的一类，它是指公园内的道路长度与公园面积的比率，用来表示公园内的道路分布程度。通过具体郊野公园内的道路情况比较，发现不同类型的郊野公园其路网密度的区间范围不同。

从数据分析来看，香港、深圳等山地郊野公园路网密度一般在 20m/hm²~60m/hm²（图 5-21）。北京、上海等平原城市郊野公园路网密度一般在 100m/hm²~160m/hm²（图 5-22）。由于地形、地质、水文等条件不同，平原郊野公园的路网密度高于山地郊野公园。

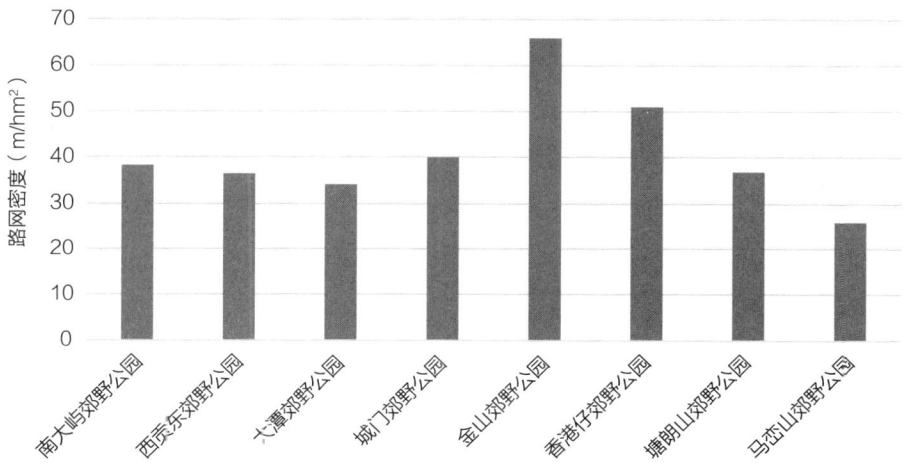

图 5-21　香港、深圳山地郊野公园的路网密度

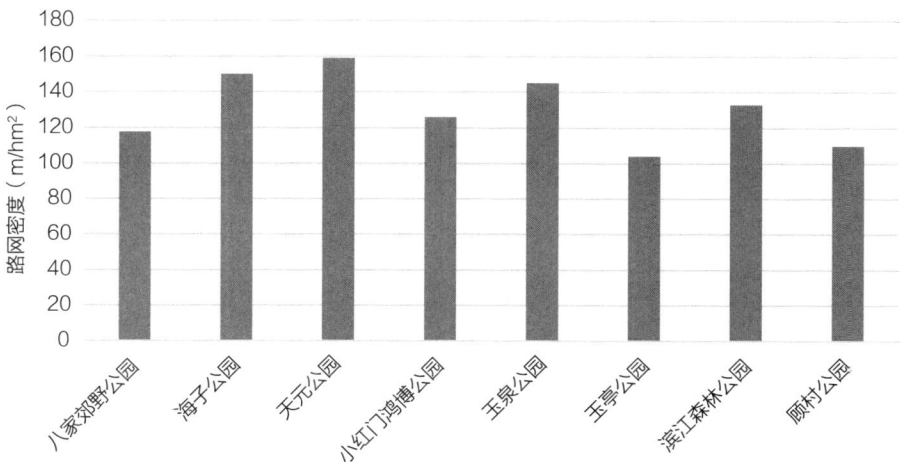

图 5-22　北京、上海平原城市郊野公园的路网密度

5.6.3 机动车道长度相对恒定

对样本公园的道路类型和长度进行数据化分析后发现，郊野公园的机动车道长度不随郊野公园面积的增加而增加，一座郊野公园内的行车径长度一般在 10km 左右。相对而言，平原地区郊野公园机动车道较长，但也不超过 20km（图 5-23）。

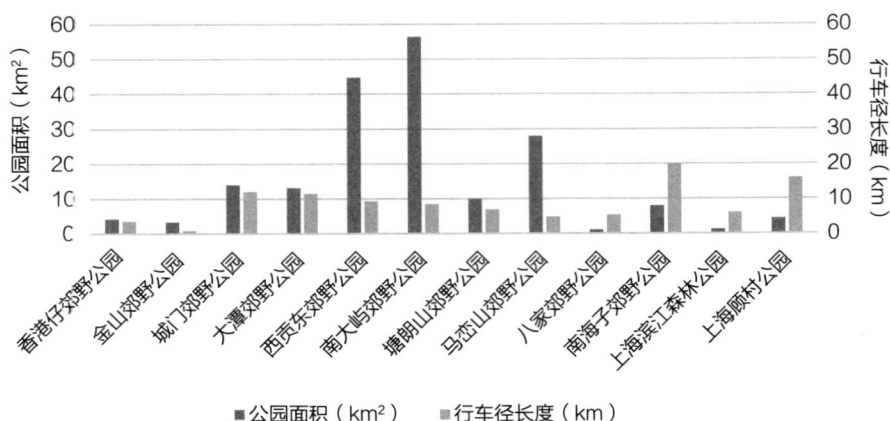

图 5-23　行车径长度相对恒定

5.6.4 郊游路与小径长度和郊野公园面积成正比

在郊野公园的道路系统中，对道路长度变化影响较大的是郊游路和小径，其长度与郊野公园规模成正比。这也体现了郊野公园生态环保的理念特征（图 5-24）。

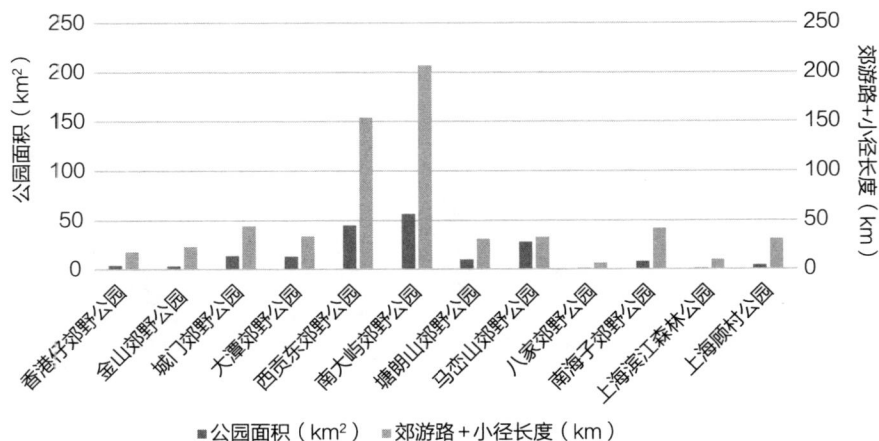

图 5-24　郊游路、小径与公园面积成正比

5.6.5 环境行为特征下的郊游路

1. 郊游径的类型

郊野公园的郊游路根据游憩特征分为四类：

按照游憩耗时分类：长时段型和短时段型。

按照游憩内容分类：长途远足径、郊游径、缓跑径、自然教育径、树木研习径、家乐径、单车径、晨运径、轮椅径等。

按照行走难度分类：易行、难行和不明确（如季节性蔓生杂草）。

按照游憩特征分为：交往类、科普类和体育类。

郊野公园内设有各种不同类型、长度、难度的郊游路，供游人远足或漫步，满足不同类型的郊游需求（图5-25、图5-26、图5-27）。

图 5-25 塘朗山的登山径

图 5-26 石澳郊野公园中的郊游径

图 5-27 梧桐山的郊游径

2. 远足径

香港的远足径是从 20 世纪 70 年代开始设立，现共有 4 条（表 5-7），分为 40 段，总长度为 298km（图 5-28）。每段路线都限制在郊野公园范围之内，以确保有完善的配套服务（图 5-29）。路线的两个端点标识出长度、一般步速下的耗时、山路行走的难易程度，以方便不同年龄和身体状况的游人自由选择。远足径所经区域广泛，所以风景资源尤其丰富，除了可以观赏山野地带的动植物之外，还可以观赏海景、海岸岩石、湿地生态等自然景观。

香港四大远足径   表 5-7

名称	长度（km）	段数	所需时间（h）
麦理浩径	100	10	35.5
卫弈信径	78	10	31
凤凰径	70	12	23.75
港岛径	50	8	14

图 5-28　西贡东郊野公园远足径

图 5-29 越野单车径和麦理浩径的标识

3. 自然教育径和树木研习径

自然教育径和树木研习径以青少年学生为主要服务对象。两种郊游路都通过标注有编号、信息详尽的标牌系统来传播科普知识，力求充分利用郊野公园的资源，使尽量多的市民直观而全面地了解本地地理气候、自然生态、生物种类及其栖息特征等（图 5-30、图 5-31）。

图 5-30 香港仔郊野公园的树木研习标牌

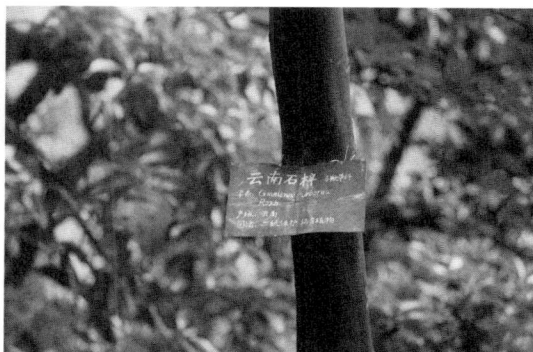

图 5-31 梧桐山的树木标牌

4. 家乐径

家乐径的设计意图更为明显，即为了一家老小共同亲近自然而安排的，以放松、休闲为主要特色的郊游路线。沿途较为分散地建设有一些观景平台或其他形式的开敞空间，而在这些平台和开敞空间内部，又集中布置了一些儿童游乐设施和非剧烈运动型游乐设施，让全家人都能找到自己喜爱的休闲方式（图 5-32、图 5-33）。

图 5-32　儿童研习径

图 5-33　八家郊野公园的郊游径

5. 不加修饰的路径设计形式

为了体现与环境融为一体的设计，郊野公园园路的设计注重自然原生性，每一细节注重保护其自然特性，尤其在小径上，对步行设施的要求被简化，几乎不需要对踏步的竖板高度、踏面宽度及交接形式加以统一，尽量避免台阶与自然的不相协调（图 5-34~ 图 5-39）。

图 5-34　石澳郊野公园的小径

图 5-35　石澳郊野公园的郊游径

图 5-36　香港仔郊野公园的郊游径

图 5-37　塘朗山郊野公园的郊游径

图5-38　新江湾公园的落叶小径

图5-39　香港仔郊野公园的木栈道

5.7 设施规划

郊野公园观景的成分少于风景名胜区，主要是提供野外游憩的条件，因此设施的数量和布局方式就会在很大程度上影响郊野公园休闲游憩作用的发挥。

前文也提到，郊野公园场地以自然或半自然生长的景观为主，设施也尽量使用生态、环保的材料，同时郊野公园多提供给简易的设施和器械。有些则是由人们活动的选择来布置郊野公园的空间，自由度更高，也有利于人们的相互交往。

郊野公园的设施规划对公园的功能、经济、美学和安全等方面都起到至关重要的作用。有些重要设施是需要深思熟虑后才能够决定，以指示牌为例：因为山林树木茂密，很多地方无法清晰通透，这就增加了游客对郊野公园安全性的考虑，所以像指示牌这样的基本设施就显得尤为重要（图 5-40）。在郊野公园里，除了出入口部分外，指示系统是游客游园心理安全的重要甚至唯一的保证，因此指示牌和相关标识在数量上和形式上都有相应的要求。那些定向性的、有指示性的、出于规章限制或用于警戒的"指示牌"，需要严格按照公园规划游线和设计的线路设置。在任何一个地方，确实有用的指示牌的数量和位置应该经过认真规划，提供太多的指示牌会影响公园的自然原真性；没有足够的指示牌会让人们花费很多时间去认路。在需要的地方自然材料的使用是必须的，若一个地区的树木没有成林，就不合适放巨大的指示牌，否则会增加自然环境的障碍感。

图 5-40 香港郊野公园的指示牌

5.7.1 落实理念的设施体系规划

从表 5-8 中 3 个典型郊野公园案例可以看到，郊野公园的设施占地面积很少，一般不超过 2%。设施规划充分遵循郊野公园分区的界定，形成相对集中、分散有序的空间分布状态。以香港城门郊野公园为例，大量的设施主要集中在密集游憩区、分散游憩区，少量分布在宽广区，只有个别设施分布在保育区中；塘朗山郊野公园的设施分布在各类景区中，在森林保育区中没有设施；北京八家郊野公园设施主要分布在健身步道区，同样体现了保育思想在空间中的落实。而这样的设施分布也利于管理。

郊野公园设施对比 表 5-8

郊野公园	香港城门郊野公园	深圳塘朗山郊野公园	北京八家郊野公园
设施规划			
面积	1400hm²	1021hm²	101hm²
设施占总面积比例	0.4%	1.16%	1.86%

5.7.2 设施类型及数量与公园规模的相关性

郊野公园游憩设施主要包括郊游地点、休憩凉亭、烧烤点、观景台、营地等。通过对不同规模郊野公园设施数量的分析发现，每个郊野公园内部的游憩设施的数量相对固定，四个城市中的郊野公园一般都有 30~40 个游憩设施点，这与分区中利用区面积较为恒定相关。郊野公园的游憩设施与公园面积大小的相关性较弱（图 5-41）。

郊野公园的服务设施主要包括景区入口、厕所、告示牌、游客中心、停车场、急救电话、公共电话、路标、果皮箱等。与游憩设施相比，服务设施与公园规模的关联更强，其数量与公园面积成正比。分析发现，各城市郊野公园的服务设施数量不同，服务设施与公园面积大小的相关性较强（图 5-42）。

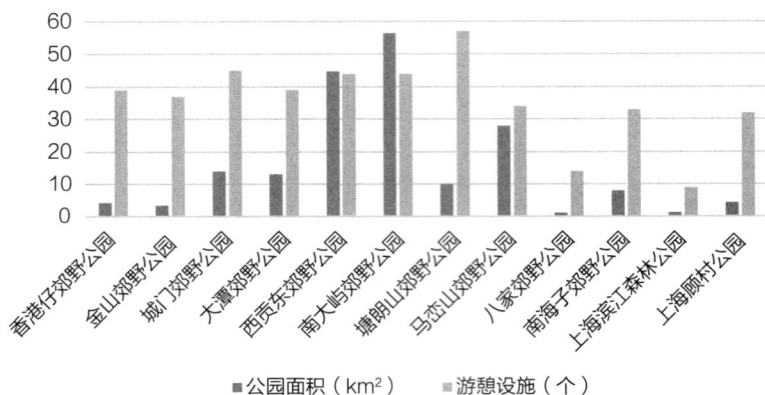

图 5-41　游憩设施与公园规模的弱关联性

■公园面积（km²）　■游憩设施（个）

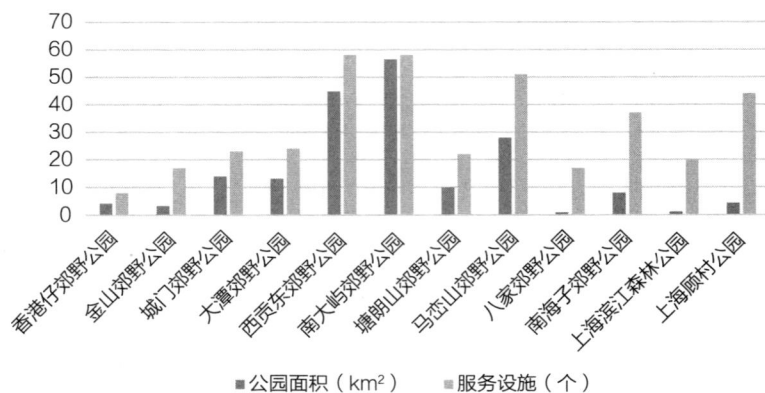

图 5-42　服务设施与公园规模的强关联性

■公园面积（km²）　■服务设施（个）

5.7.3　与公园规模相关的典型服务设施

通过数据分析可知，主要影响郊野公园服务设施数量变化的两类设施是厕所和告示牌，这两类服务设施与公园规模直接相关（图 5-43）。

5.7.4　游憩行为特征下的设施种类

在游客行为调查中，游客最喜爱并期望的郊野活动活动项目包括徒步远足、健身、登山、烧烤、野营等。郊野公园游憩设施就是根据游客需要而设置的（图 5-44~ 图 5-49）。

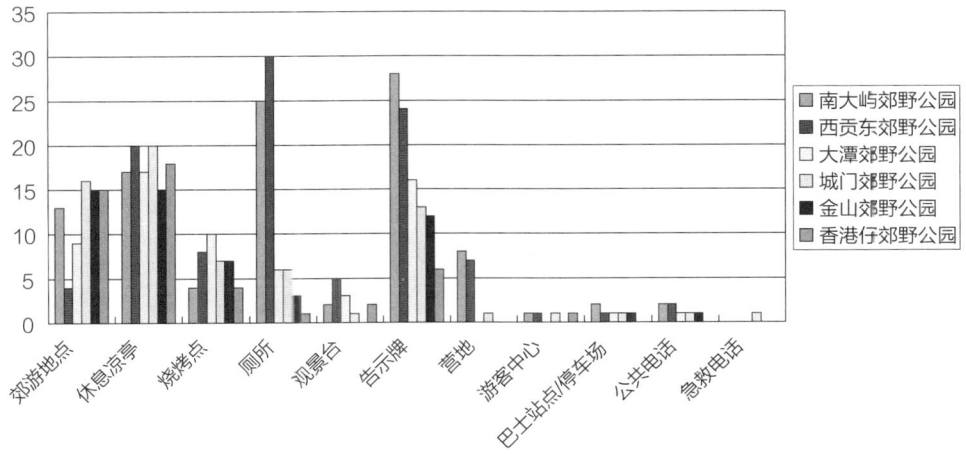

图 5-43　郊野公园各类服务设施数量分析

图例：
南大屿郊野公园
西贡东郊野公园
大潭郊野公园
城门郊野公园
金山郊野公园
香港仔郊野公园

图 5-44　运动休闲设施

图 5-45　郊野公园中的厕所

图 5-46　香港仔郊野公园儿童游乐设施

图 5-47　塘朗山郊野公园的休憩点

图 5-48　京城梨园内的野营地

图 5-49　顾村公园的自行车设施

1. 人性化的设施形式

郊野公园的游客中心补充了郊游路径无法系统集中展现各郊野公园的自然生态概貌这一缺陷，而且还增添了对郊野公园内部及其周边人文景观的内容介绍。这从侧面反映了郊野公园的基本规划意图：满足游客在一天时间之内的休闲、旅游需要，不推荐游人在郊野公园内食宿（指定地点的露营除外），以保证自然生态得以充分恢复，从而维系郊野公园的可持续发展。

郊野公园为残障人士提供额外的便利设施，如无障碍通道、方便残障人士使用的椅子和户外长椅，版式清晰且内容易懂的场地信息说明及游玩设施，其中无障碍通道要说明路径如何使用等，并且宽度合适、指向性明确。这些设施是经过了对残障人士需求的详细考虑后设置的，无障碍设施的应用以及宣传册、照片、书面说明等多种教导方式使残障人士可使用并享有郊野公园（图 5-50~ 图 5-52）。

2. 典型设施组合

郊野公园在分散游憩区和宽广区的设施一般以组合形式出现，即游憩设施与服务设施的组合，典型的类型有：凉亭 + 厕所、营地 + 厕所、郊游点 + 告示牌 + 厕所、凉亭 + 郊游点 + 厕所（图 5-53~ 图 5-55）。

图 5-50　香港仔郊野公园游客中心

图 5-51　西贡郊野公园游客中心放映室

图 5-52　残障人士使用的运动器械

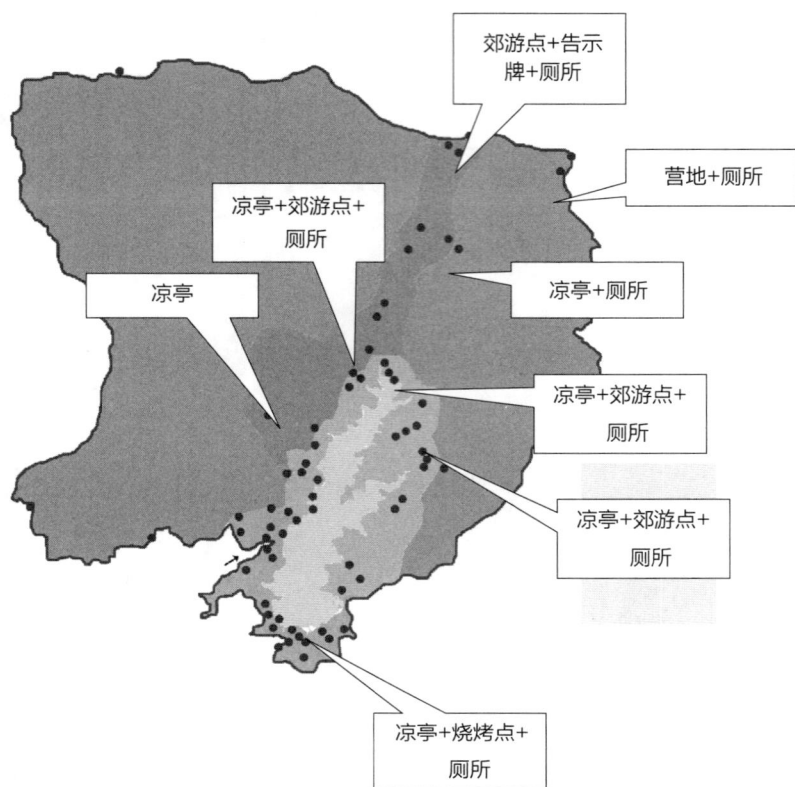

图 5-53 郊野公园典型设施组合

图 5-54 凉亭 + 厕所

图 5-55 凉亭 + 健身设施

3. 周密的安全保护系统

　　郊野的安全性一直是影响人们活动的重要指标，郊野公园的安全体现在设计的每个角落。郊野公园路径的标识系统相当完善，兼顾安全标识、定位系统和各种配套设施的详细解说。如在各段路径均布置指示牌、标距柱，告诉游客行进方向、距离等信息，有的地方还标明道路的难易程度。在某些聚集点还会设有公共电话或紧急电话以备特殊情况使用（图5-56）。

图5-56　郊野公园的安全设施

4. 自然朴素的设施风格

（1）精简的建筑和设施

　　郊野公园内建筑本来就不多，这些建筑都尽量使用当地的自然材料，设计也比较简单，以保留郊野气息为目的，因此不使用复杂或过于考究的建筑类型（图5-57~图5-60）。

图 5-57　石澳郊野公园的凉亭

图 5-58　将府公园的活动设施

图 5-59　香港郊野公园的标识牌

图 5-60　顾村公园的近自然建筑

（2）近自然的色彩

郊野公园设施的外饰面也选择与自然融为一体的基调，呈现由硬质逐渐到软质、由涂料的暖色系逐渐到保留林木冷色系的梯度演变，让游客感觉越来越远离城市，越来越融入大自然，从而体现出"自然、生态、野趣"的公园主题。

（3）环保生态的材料

覆盖落叶的小径，通过雨水收集提供给厕所冲水，包括在设施的选材方面都选择本土木材或者自然可再生材料。一方面符合郊野公园的风貌氛围，另一方面这些设施寿命终结后也不会给自然留下痕迹。

5.8 小结

综上所述，郊野公园规划可以归纳出若干准则，这些准则主要分为 7 个方面：选址、分类、规划理念、生态规划、分区规划、路径规划和设施规划。

1. 郊野公园的选址

选址是郊野公园规划的第一步，也是决定其他规划程序的首要工作，准则内容主要包括选址的特征和具体边界的落实。

（1）郊野公园一般会选择在和城市建成区有一定距离、具有良好自然条件和风景资源的地区。

（2）郊野公园会选择上述地区内具有保护意义的地段，对生态资源和景观资源、社会资源等进行保护。

（3）郊野公园的边界要有明确的地理标志物，既能在地图上标出，又能在空间中落实。

（4）将郊野公园和城市建成区之间一定距离的范围设为郊野公园的缓冲地带，这对保护郊野公园和城市生态环境具有重要意义。

2. 郊野公园的分类

郊野公园的分类方法很多，根据实际应用的情况，可按照城市需求和公园职能、生态资源、景观类型、规模等级 4 种思路进行划分。

（1）根据城市需求和公园职能分为：生态保育型、隔离绿地型、环境保护型、游憩经济型。

（2）根据生态资源分为：非生态型郊野公园、生态型郊野公园、生态多样型郊野公园。

（3）根据景观类型分为：山地型郊野公园、平原型郊野公园、河流型郊野公园、森林型郊野公园、湿地型郊野公园、草原型郊野公园、海岸型郊野公园、岛屿型郊野公园、地质景观型郊野公园、田园型郊野公园。

（4）根据规模等级分为：特大型郊野公园（面积大于 3000hm^2）、大型郊野公园（面积 1000~3000hm^2）、中型郊野公园（面积 300~1000hm^2）、小型郊野公园（面积小于 300hm^2）。

3. 郊野公园的规划理念

不同于风景名胜区规划和城市公园设计，郊野公园的规划理念有其自身特点和遵循的原则。

（1）生态保育是郊野公园的核心任务。一切规划工作都应在这一基础上展开。

（2）教育意义是郊野公园的第二任务。郊野公园的教育理念比较宽泛，是指游人能够在自然环境中得到知识上的补充、身体上的锻炼和心灵上的放松。

（3）休闲游憩是郊野公园的第三任务。主要指在生态条件允许的区域内设置供游人郊野游憩的设施和路径，在保护的基础上对郊野公园进行利用。

4. 郊野公园的生态规划

郊野公园的生态规划贯穿整个公园发展过程，根据不同生态情况应施以不同的规划思路。

（1）郊野公园生态规划的目标是培养和建立健康、稳定的生态系统，实现丰富的生态多样性。

（2）对没有生态系统或生态系统性能较弱的郊野公园应先进行生态资源培育和恢复；对已经具有良好生态系统的郊野公园应在对其详尽调查和分析的基础上，进行保护和管理。

（3）郊野公园生态系统建立在人工绿化和培育的基础上，演化发展的时间较短，需要在发展中给予人工干预，如灭除山火、防病防虫等。

（4）郊野公园规划之前必须进行生态资源调查和评价，基本内容包括生态资源调查结果、分类、分级，并给予评价结论。

（5）重视郊野公园的灌木林面积和比例，灌木林对郊野公园生态保育具有重要意义。

5. 郊野公园的分区规划

郊野公园的分区是空间规划的第一步，是为了使众多规划对象有适当的区划关系，以便针对规划对象不同的属性和特征分区，进行合理的规划与设计。

（1）郊野公园的分区是根据郊野公园选址和生态资源评价结果，经场地适宜性分析得到的结论性内容。

（2）同一区内的规划对象的特性及其存在环境应基本一致。

（3）郊野公园在概念上分为保育区和利用区两类，具体到空间层面一般会分为保育区、缓冲区和游憩区三类，每个地区的情况不同，有些对利用区还会进行细分以达到相应目的。

（4）郊野公园利用区的面积相对恒定，保育区的面积决定公园的规模大小。郊野公园的利用区面积一般在 100~800hm^2，其中以密集游憩区 / 管理服务区的面积最为恒定，在 20~80hm^2。

6. 郊野公园的路径规划

路径是郊野公园的特色。郊野公园的路径规划是体现郊野公园规划有别于其他绿地规划的主要内容。

（1）在主要功能方面，郊野公园的路径分为三类，即车行路、公园郊游路和小径。根据不同的游客行为特征和需求情况，公园郊游路又可分为多种类型。

（2）郊野公园路径数量多、总长度较大。在不同类型的郊野公园中有不同的路网密度。山地型郊野公园的路网密度一般在 20 ~ 60m/hm^2，平原型郊野公园的路网密度一般在 100 ~ 160m/hm^2。

（3）行车径在郊野公园中一般不超过 15km。

（4）郊野公园路径在设计上要尽量贴近自然，避免与环境不协调。

7. 郊野公园的设施规划

郊野公园的设施是满足游客游憩需求的主要手段，郊野公园的设施规划体现了人性化和环保的特征。

（1）郊野公园的设施占地面积较少，不超过公园总用地面积的 2%。

（2）郊野公园的设施主要分为两类：游憩设施和服务设施。游憩设施的数量相对恒定，每个郊野公园都应有 40 个左右的游憩设施点，与公园规模无关。服务设施中的厕所和告示牌的数量与公园规模成正比。

（3）郊野公园的设施具有人性化的特点，包括对残障人士的关心、远足人士的照顾和安全系统的设置等方面。

（4）与路径设计的思路相同，郊野公园的设施应尽量环保生态，对环境和郊野风貌不会造成影响和破坏。

香港郊野公园之父汤博立（Lee M.Talbot）说过，"我的工作是设计出一套系统，把生态保育、郊野公园和自然康乐在香港串联起来"。

设立郊野公园就是为了保护城市仅存的生态环境，而游客是为了体验生态环境才会去郊野公园，因此保护生态资源丰富、生态较敏感的郊野公园的压力就会增大，而解决这个矛盾就需要对郊野公园进行规划。

通过郊野公园保育理念的渗透，基于生态规划的原则提出郊野公园的规划方法，并通过这一思路对郊野公园进行空间规划，经过分区规划、路径规划和设施规划，并在不同规划层面提出相应的准则，这些都可以在以后的郊野公园规划中加以探讨和研判。

参考文献

[1] 杨家明 . 郊野三一年 [M]. 香港：天地图书有限公司，2007.

[2] 刘晓惠，李常华 . 郊野公园发展的模式与策略选择 .[J]. 中国园林，2008（11）：79-83.

[3] 王晓俊，王建国 . 关于城市开放空间优先的思考 [J]. 中国园林，2007（3）：53-56.

[4] 弗雷德里克·斯坦纳 . 生命的景观 [M]. 周兴年，李小凌，俞孔坚，等译 . 北京：中国建筑工业出版社，2004：53.

[5] 中国城市规划设计研究院 . 塘朗山郊野公园规划文本 [Z]. 深圳，2000.

[6] 艾伯特·H·古德 . 国家公园游憩设计 [M]. 吴承照，姚雪艳，等译 . 北京：中国建筑工业出版社，1999.

[7] 任梦非，朱祥明 . 上海滨江森林公园规划设计研究 [J]. 中国园林，2007，23（1）：21-27.

[8] 朱祥明，孙琴 . 英国郊野公园的特点和设计要则 [J]. 中国园林，2009（6）：1-5.

[9] 张骁鸣 . 香港郊野公园的发展与管理 [J]. 规划师，2004，20（10）：90-95.

6

郊野公园案例研究

6.1　香港：我国郊野公园的起源地

（1）香港的林务时期（1948—1970 年）：第二次世界大战期间，香港的山林遭到严重破坏，战后的 1948 年至 1949 年，政府积极推动植树计划，取得卓有成效的业绩。至 1959 年，全港的植林面积约 4800hm²。植林为郊野公园发展提供了重要的本底资源。

（2）国家公园思想引入期（1970—1981 年）：到了 20 世纪 60 年代，保护环境之风开始兴起，多国纷纷设立国家公园。保育思想开始注入香港林务工作中来。美国环境科学专家汤博立（Lee M.Talbot）在 1965 年发表《香港保存自然景物问题简要报告及建议》（*Conservation of the Hong Kong Countryside*），其中建议划定郊野公园。

（3）郊野公园建立期（1971—1980 年）：香港在 1971 年人均 GDP 超过 1000 美元（以现时汇率则达到 10001 美元）。同年，香港总督麦理浩（Lord MacLehose）组建了"香港及新界康乐发展及自然护理委员会"，并开始落实郊野公园的发展计划。政府在 1971 年根据美国国家公园的标准设置桌椅和烧烤炉等简单郊游设施，在拟建的城门郊野公园进行试验计划，受到市民广泛欢迎。随着《郊野公园条例》在 1976 年 8 月生效，香港城门郊野公园、金山郊野公园、狮子山郊野公园在 1977 年 6 月正式划定，两个月之后，港督麦理浩决定在 1981 年 4 月 1 日之前将香港余下的郊区（约 150km²）纳入《郊野公园条例》管制之下，遂促成了为期 5 年的郊野公园速办计划。

截止到 2024 年，香港共有 25 个郊野公园和 22 个特别地区（其中 11 个位于郊野公园内），总面积约 448km²，占全港总面积的 40%。郊野公园遍及港岛、九龙、新界和多个离岛，分布在海岛水畔、山坡峰顶、丛林以及一些自然地带之中，有效地保护了郊野资源的完整性，同时深受香港市民以及外来游客的喜爱。

6.1.1　城门郊野公园

1. 基本情况

城门郊野公园，划定于 1977 年 6 月 24 日，总面积 1400hm²，位于新界中部。北起铅矿坳，南至城门水塘道；西起大帽山，东至草山及针山（表 6-1）。城门水塘位于大帽山东南山麓，群山环绕，风景秀丽，早已成为郊游胜地。香港于 1971 年，由戴麟趾康乐基金拨款，设置一批试验性的郊游康乐设施，受到市民欢迎。成立于 1977 年的城门郊野公园，是香港首批郊野公园之一，同期成立的还有金山郊野公园及狮子山郊野公园。

城门郊野公园情况一览表 表 6-1

功能分区	面积（hm^2）
密集游憩区	42
分散游憩区	63
宽广区	82
荒野区	1213
总面积	1400
道路类型	**长度（m）**
行车径	12080
郊游路	28320
小径	15860
总长度	56260
设施类型	**数量（处）**
观景点	16
休息凉亭	20
烧烤点	7
厕所	6
观景台	1
告示牌	13
营地	1
游客中心	1
巴士站点 / 停车场	1
公共电话	1
急救电话	1

注：表格数据基于香港地政总署测绘处出版的郊区地图，笔者对图纸所列郊野公园内面积、设施、道路、线路等信息进行测算改绘，力求准确。

2. 资源本底

城门郊野公园拥有丰富的自然资源。城门水塘前，曾是昔日的大围村所在地，现如今已成为一片茂密的森林。这里附近有一片被称为"风水林"的特别地区，树木高耸入云，品种多达70多种，受到特别保护。向水塘西侧延伸的大城石涧两旁，生长着多种植物，其中包括数种山茶花。在第二次世界大战日军占领香港期间，这一地区大量的树木遭受了砍伐。战后，这片区域得以重新植林，最初主要种植了山松，随后逐渐增添了爱氏松、红胶木、白千层和台湾相思等品种。如今，城门郊野公园已成为香港主要的植林区之一。

由于公园紧邻繁华的荃湾地区，这里栖息着许多常见的鸟类和哺乳动物，如松鼠、野猪、穿山甲和赤麖等。在溪涧中，甚至还发现了受保护的两栖类动物，如香港瘰螈。偶尔还能看到一些猴子在林中出没，它们原本生活在附近的金山郊野公园。

3. 设施布局

在设施布局方面，城门郊野公园划分为密集游憩区、分散游憩区、宽广区、荒野区和特别保护区5个功能片区。密集游憩区位于入口附近，占地约42hm²，是游客密度和使用率最高的区域。这里提供了多种活动，如烧烤、野餐、儿童游乐等，设有小食亭、厕所、告示板、电话亭、停车场、公交车站和游客中心等设施，满足游客的各种需求。分散游憩区面积63hm²，位于城门水塘周边，邻近集中活动区。这个区域提供了较短的步行径，并适当设置了游憩设施，适合郊游等活动，同时还设有休憩地点、避雨亭、观景点和告示板等。宽广区面积达82hm²，位于公园深处，景观优美，开辟了远足径、自然教育径等郊野路径。游客可以进行远足等活动，并有路标、少量避雨亭等设施供应。荒野区面积为1213hm²，位于公园最偏远的区域，交通不便，保存了原生态景观，适合探险踩踏和露营等活动，除了一些小径外，几乎没有其他设施。特别保护区是科研价值较高的自然景观地区，管理更为严格（图6-1）。

公园规划了三条三要游线，包括麦理浩径、卫奕信径、家乐径和自然教育径。麦理浩径是香港最长的远足路径之一，共分10段，经过城门公园的段落全长6.2km，沿途基本没有补给点。家乐径全长约2.2km，穿梭于树种繁多的千层林，从高山处可欣赏到

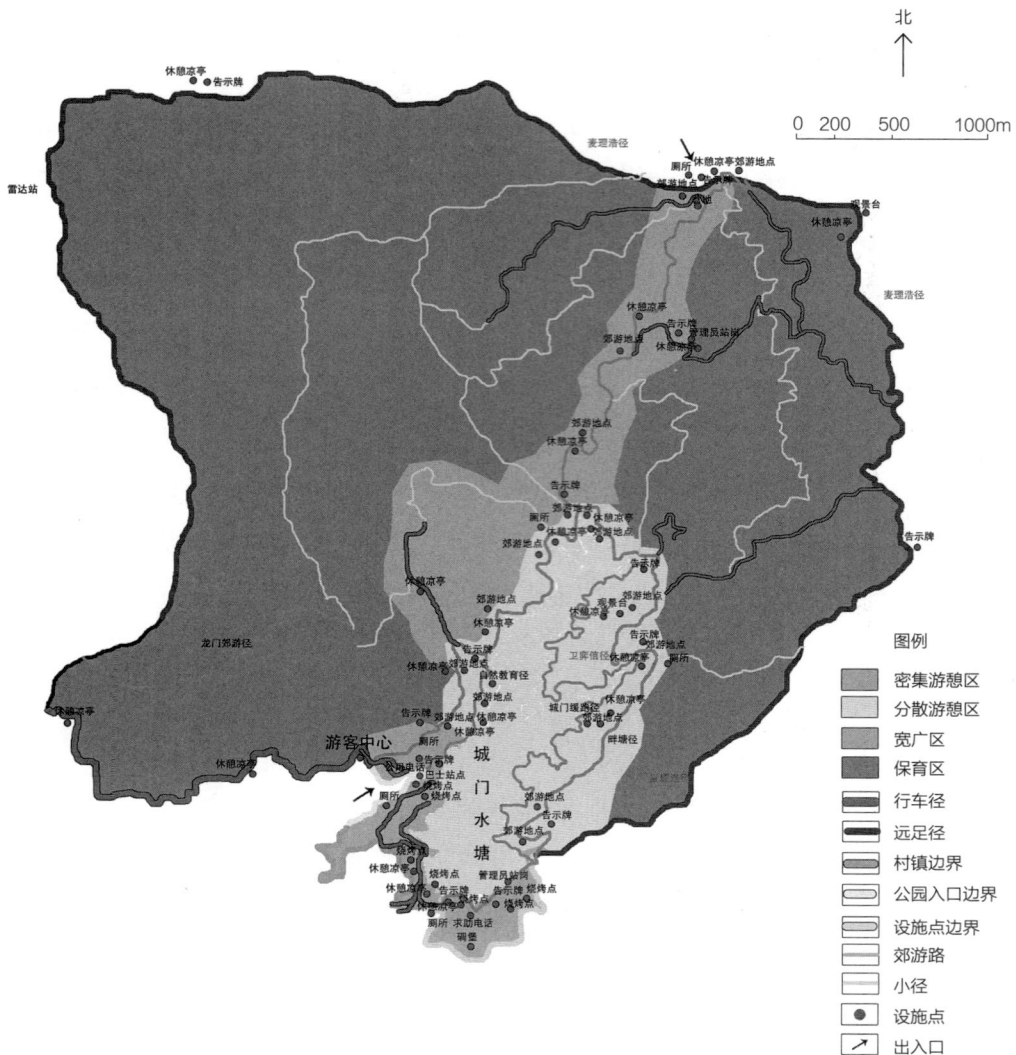

北

0 200 500 1000m

图例

	密集游憩区
	分散游憩区
	宽广区
	保育区
	行车径
	远足径
	村镇边界
	公园入口边界
	设施点边界
	郊游路
	小径
	设施点
	出入口

图 6-1　城门郊野公园平面图

城门水塘和附近群山的湖光山色，沿途设有指示方向的标志和简单的告示牌介绍景点设施等。自然教育径全长800m，起点位于城门郊野公园游客中心前，沿城门水塘向上延伸，通往大埔滘自然保护区，沿途风景优美，路线平坦易行（图6-2）。

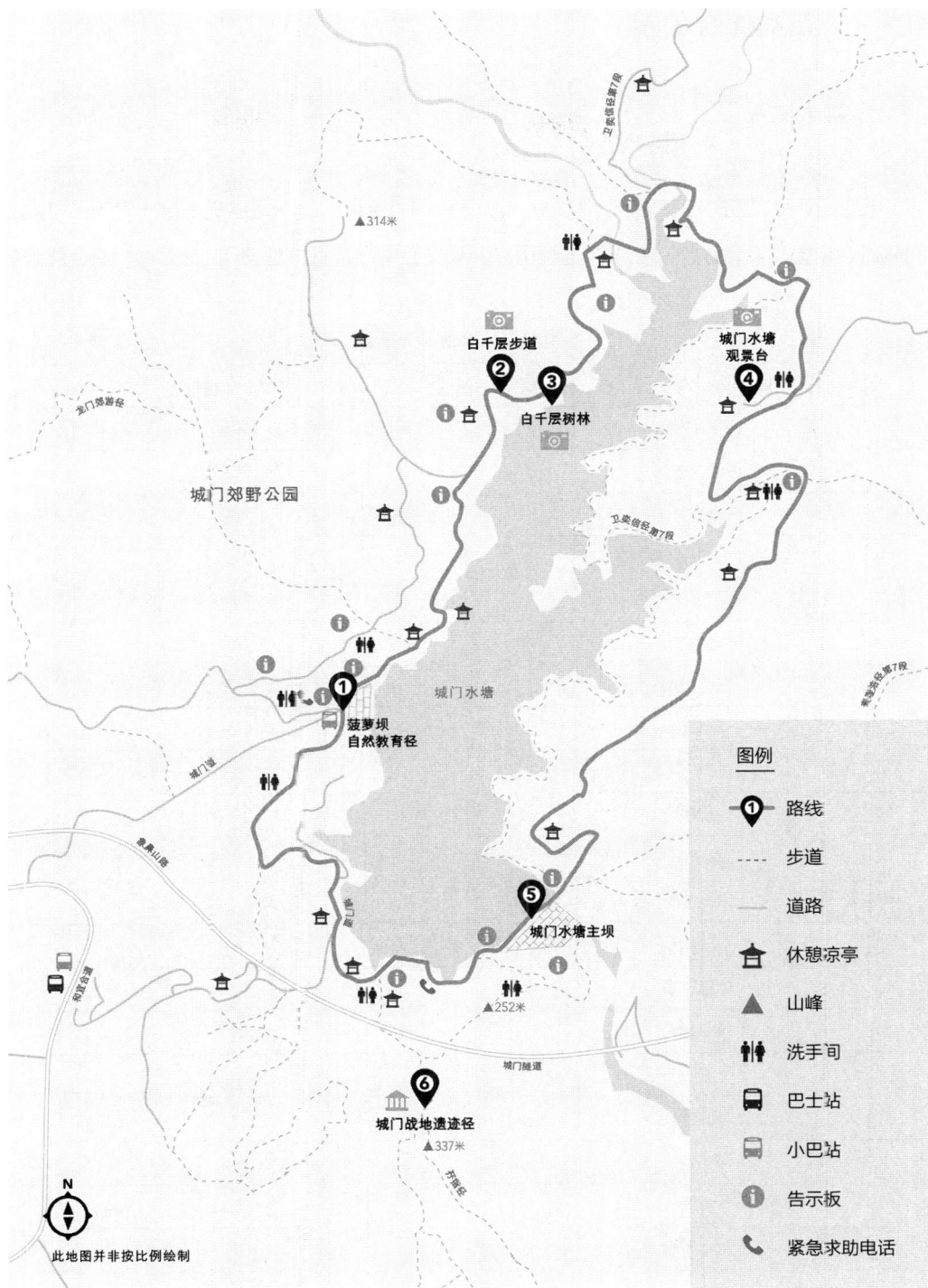

图 6-2 城门郊野公园设施分布图
（图片来源：香港旅游发展局网站）

6.1.2 石澳郊野公园

1. 基本情况

石澳郊野公园于 1979 年 9 月成立，总面积 701hm²，位于香港岛东部（表6-2）。公园北起砵甸乍山及歌连臣山一带的连线山岭，经过云枕山及打烂埕顶山（龙脊），南至鹤咀。

石澳郊野公园情况一览表　　　　　　　　　　　　　表 6-2

功能分区	面积（hm²）
密集游憩区	25
分散游憩区	82
宽广区	200
特别活动区（越野单车）	66
荒野区	328
总面积	701
道路类型	**长度（m）**
行车径	3800
郊游路	8800
小径	10308
总长度	22908
设施类型	**数量（处）**
观景点	8
休息凉亭	15
烧烤点	5
厕所	6
观景台	3
告示牌	22
营地	0
游客中心	0
巴士站点／停车场	1
公共电话	1
急救电话	0

2. 资源条件

第二次世界大战期间，石澳郊野公园内的林木受到了严重破坏，但幸运的是，通过战后的植林计划和严格的保护措施，现有的树林得以健康成长。主要的树种包括大头茶、楠树、鹅掌柴（鸭脚木）、银柴及桃金娘，而数量相对稀少的植物有罗汉松及青刚（青刚栎）。在郊野公园的林区内，游客偶然会发现臭鼩和针毛鼠，而鼬獾、果子狸及小灵猫也是区内的常客，时而可以发现箭猪、豹猫及赤麂等动物留下的痕迹。此外，公园内还常见普通鵟、白腹海雕、鹧鸪、家燕、小白腰雨燕、紫啸及黑卷尾等鸟类。

3. 设施布局

石澳郊野公园增加了特别活动区，开展越野单车等户外项目。公园内设有三条连接的行山径，为游客提供了多样的探险之路：港岛径第七段由大潭道、落引水道至土地湾村，港岛径第八段经龙脊至大浪湾，砵甸乍山郊游径则由马塘坳至歌连臣角道。这些行山径沿途风景优美，可以俯瞰赤柱、大潭、石澳和离岛，更可欣赏大潭湾的山光水色。郊野公园已经成为当地居民晨运和市民远足的热门去处。公园内设有多个烧烤区和郊游地点，如大浪湾郊游区、石澳海角郊游区及石澳海滩附近的郊游区。这些区域均设有公厕、凉亭及烧烤场地，方便游客休憩和享受自然。

龙脊径是石澳郊野公园内的一条著名远足径，全长约 8.5km，徒步走完约需 3 小时。沿途有大树、竹林组成的自然绿荫隧道，能够欣赏美丽的石澳泳滩，站在 284m 高的打烂埕顶山还可以远眺香港岛东面的海域。行进在龙脊上，仿佛乘龙飞翔，路径上设有清晰的标识系统、标距柱、公共卫生设施和应急电话，为游客提供了舒适安全的徒步体验（图 6-3）。

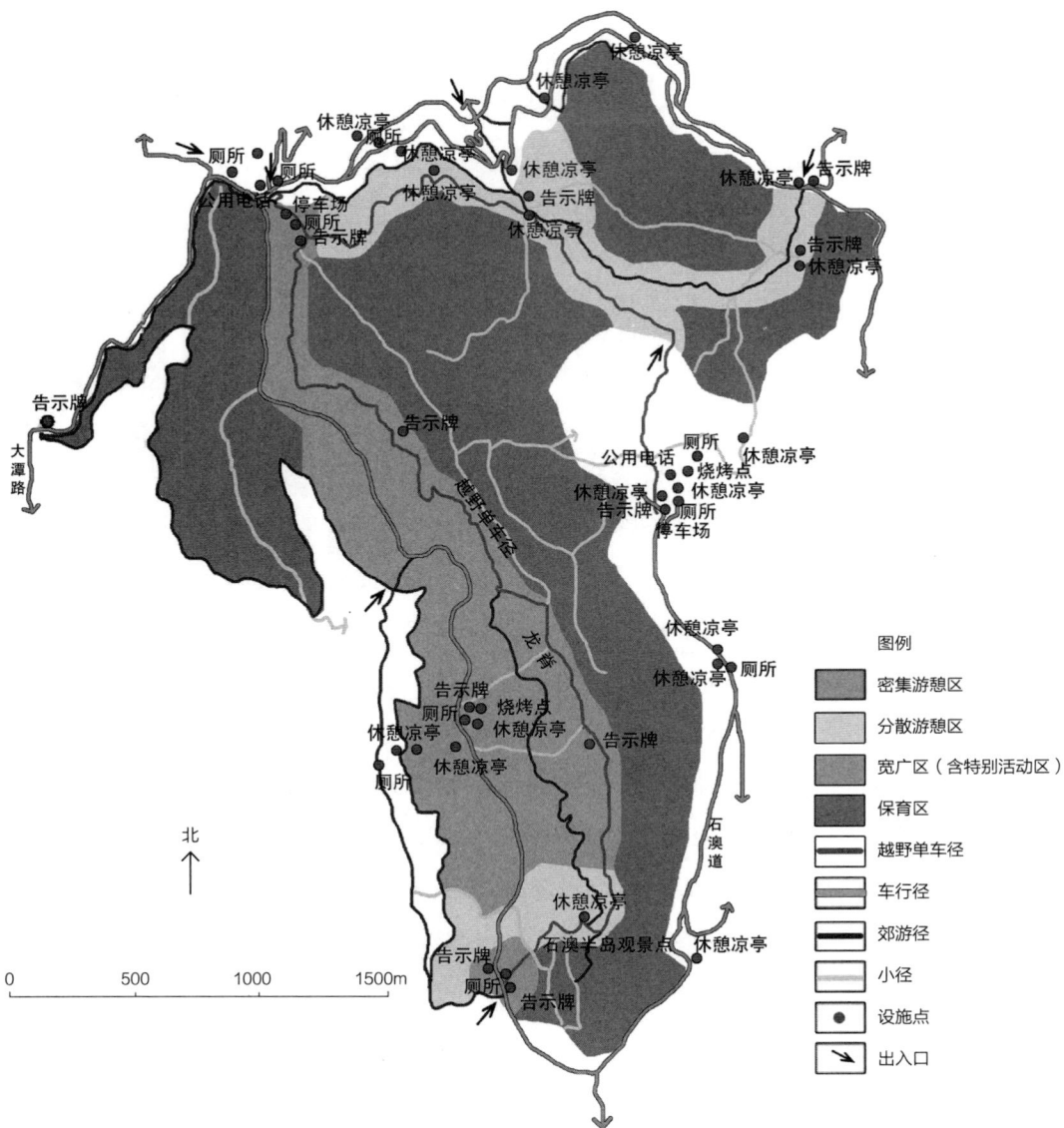

图 6-3 石澳郊野公园设施布局图

图例

- 密集游憩区
- 分散游憩区
- 宽广区（含特别活动区）
- 保育区
- 越野单车径
- 车行径
- 郊游径
- 小径
- 设施点
- 出入口

北
↑

0   500   1000   1500m

6.1.3　香港仔郊野公园

1. 基本情况

香港仔郊野公园，成立于 1977 年 10 月，总面积 423hm^2，位于香港岛西部，港岛群山之南，南面是香港仔和黄竹坑，向北则延伸至湾仔峡（表6-3）。香港仔郊野公园毗邻繁华的香港仔区域，周边环境多为居民区和商业区。

香港仔郊野公园情况一览表　　　　　表 6-3

功能分区	面积（hm^2）
密集游憩区	29
分散游憩区	55
宽广区	109
荒野区	230
总面积	423
道路类型	长度（m）
行车径	3600
郊游路	12860
小径	5220
总长度	21680
设施类型	数量（处）
观景点	15
休息凉亭	18
烧烤点	4
厕所	1
观景台	2
告示牌	6
营地	0
游客中心	1
巴士站点 / 停车场	0
公共电话	0
急救电话	0

2. 资源条件

香港仔郊野公园由于临近住宅区，深受晨练人士欢迎。这是港岛区最早开放的两个郊野公园之一，另外一个是大潭郊野公园。与香港岛其他郊野公园一样，香港仔郊野公园环绕着水塘而建，这里的水塘正是香港仔上、下水塘。这两个水塘建成于 1931 年，是港岛区最晚建成的水塘之一，储水量达到 1259000m³。游客可以从山顶道和侨福道欣赏到公园的迷人景致。

第二次世界大战时期，香港仔郊野公园遭受了严重破坏，大量的乔木和灌木被砍伐作为柴薪。如今，游客所见到的郁郁葱葱的林荫景观，完全得益于战后的植树造林和广泛的阔叶类植物再生。在这片林地中，常见的树种包括红胶木、木荷、大头茶、鸭脚木等。公园内常见的飞禽有麻鹰、毛鸡、画眉、喜鹊、了哥、钓鱼郎等。偶尔游客还可以幸运地目睹到黄麖、穿山甲和松鼠等野生动物穿梭于林间的景象，为郊野公园增添了一份自然的生机和魅力。

3. 设施布局

香港仔郊野公园面积较小且邻近城市中心区，因此密集游憩区和分散游憩区比例较高。郊野公园内设有多样的康乐设施以满足不同人群的需要，其中包括烧烤炉、太极台、儿童游乐设施、儿童研习径、树木研习径等。此外更设有一条供残障人士使用的轮椅径。园内设有多条行山径，游人可按照自己的体力，漫步其中，享受大自然（图6-4）。

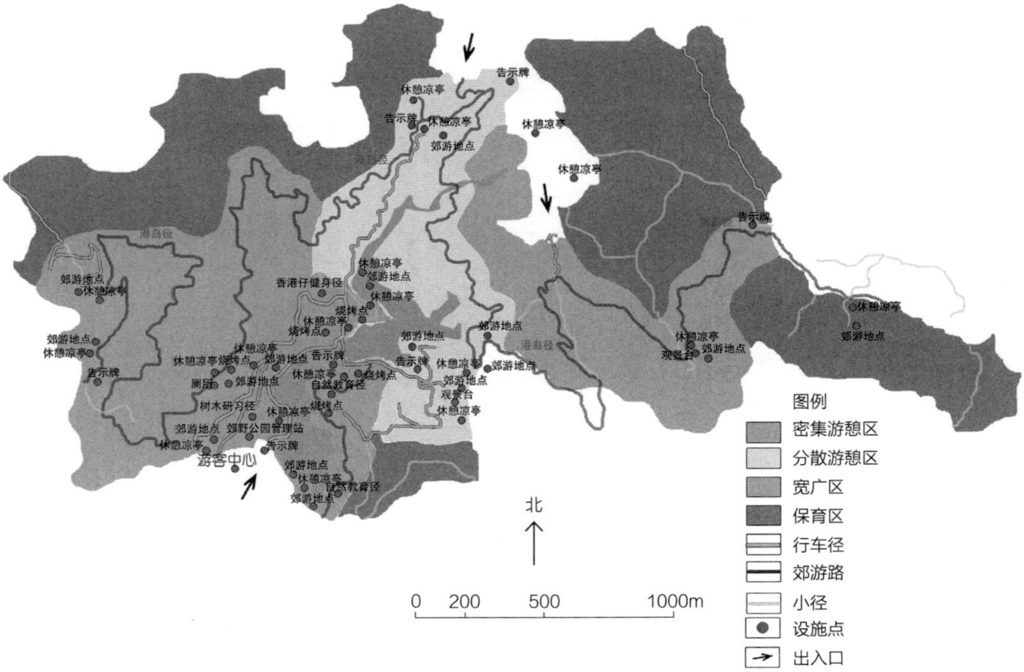

图 6-4 香港仔郊野公园平面图

香港仔郊野公园的自然教育径是一条专门设计用于教育游客有关自然生态和环境保护知识的步行路径。该径线长约800m，从郊野公园游客中心前开始，沿着香港仔上、下水塘而上，途中穿越自然景观，展现了该地区丰富的生物多样性和自然美景。这条自然教育径设置了信息牌和标识，以便游客了解沿途的植物、动物和地理特征，并且提供了一些解释性的内容，帮助游客更深入地了解该地区的生态环境和文化历史。自然教育径的设计旨在启发游客对大自然的关注，并促进人们环境保护的意识和行动。

适宜远足的港岛径，其中的香港仔及黄竹坑段，长度约14km，连绵于郊野公园内，西起贝璐道，东达布力径。郊野公园内提供多样的康乐设施以适合不同类别的人群使用，包括烧烤炉、太极台、儿童游乐设施、树木研习径及健身径等。公园内设有一个残障人士活动园，内有一条轮椅径供残障人士使用。

于1978年落成的香港仔郊野公园游客中心设有查询服务，并展出有趣的郊野公园资料。游客中心于2008年翻新，并命名为"树木廊"。游客中心的中央设有一棵榕树模型，游客可通过该模型深入认识树木结构，如树干、树皮、树根、树叶、花和果等。游客中心内的展板展示不同主题，包括树木的功能、价值及与树木相关的昆虫等。

6.1.4　大潭郊野公园

1. 基本情况

大潭郊野公园于1977年10月成立，总面积1315hm²，位于香港岛东部，约为香港岛总面积的1/5（表6-4）。公园的范围北至鲗鱼涌康山，南至孖岗山一带的连绵山岭，西达黄泥涌峡，东临大潭道。

大潭郊野公园情况一览表 表6-4

功能分区	面积（hm²）
密集游憩区	80
分散游憩区	136
宽广区	106
荒野区	993
总面积	1315

道路类型	长度（m）
行车径	11480
郊游路	13980
小径	19480
总长度	44940

设施类型	数量（处）
观景点	9
休息凉亭	17
烧烤点	10
厕所	6
观景台	3
告示牌	16
营地	0
游客中心	0
巴士站点 / 停车场	1
公共电话	1
急救电话	0

2. 资源条件

大潭郊野公园基于 4 个水塘而得名，这些水塘曾是港岛早期的主要饮水源，包括大潭上水塘、大潭副水塘、大潭中水塘及大潭笃水塘，分别建于 1889 年、1904 年、1907 年及 1917 年，总容量为 900 万 m³。其中，鲗鱼涌的一部分曾是太古糖厂水塘的集水区，但现已被填平并改造为康乐用途。公园内还保存有一些具有历史意义的遗迹，如渣甸山上一处小屋的遗址，曾是怡和有限公司创办人詹姆士·麦赞臣的居所，现仅存地基。此外，公园内还可见到一些第二次世界大战时期的战争遗迹，如碉堡、弹药库和战地炊场等。

在第二次世界大战前后，大量树木被破坏和砍伐用作柴烧。公园内现今的树木多为战后重新种植的，常见的品种包括红胶木、木荷、大头茶和鸭脚木。公园内并无猛兽，常见的小动物有了哥、穿山甲和松鼠等。

3. 设施布局

大潭郊野公园的分散游憩区面积较大，达到 136hm²，设有大量远足径。整个公园由大潭水塘道（现已部分更名为紫罗兰山道）和柏架山道贯通，分别连接英皇道、大潭道和黄泥涌峡道。沿途设有多个郊游和烧烤地点，除了烧烤炉外，还建有多个避雨亭和综合游戏架。沿着金督驰马径设置了一条长达 2500m 的缓跑径，南起柏架山道，北至北角赛西湖。在缓跑径背面的起点附近，设有观景平台，游客可在此欣赏港九东部的全景（图 6-5）。

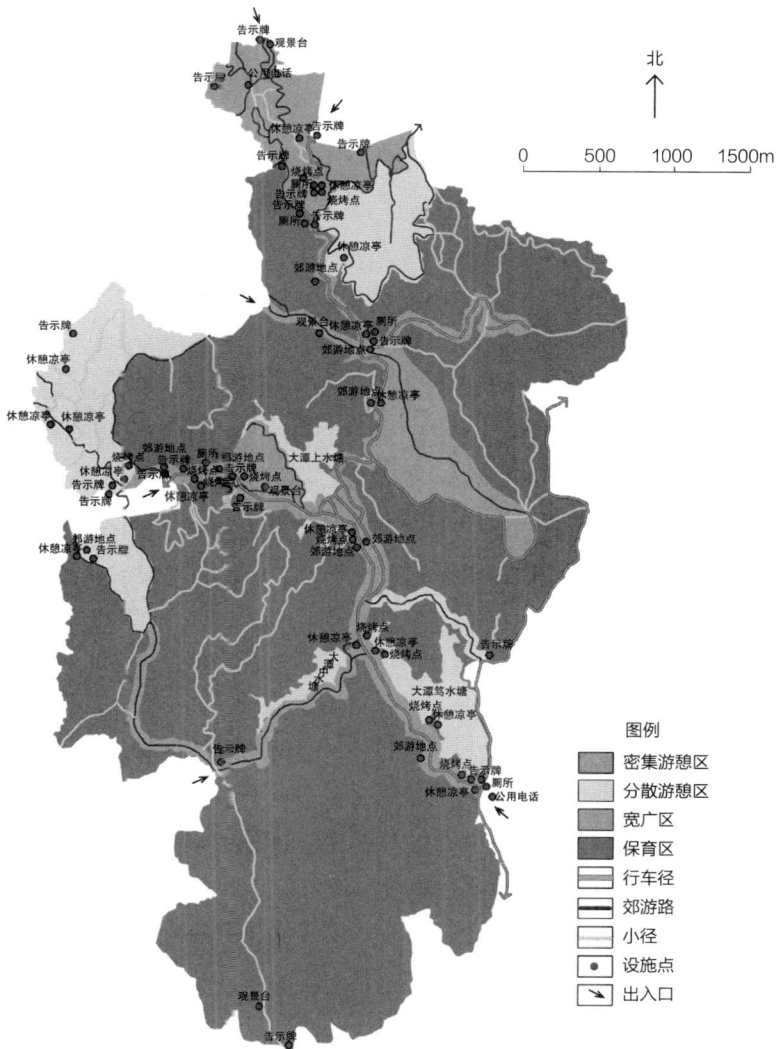

图 6-5 大潭郊野公园平面图

港岛径沿着连绵起伏的山脉，经过大潭水道、渣甸山和毕拿山一带，沿途设置了清晰的路标和告示板引领游客。远足爱好者可从黄泥涌峡、柏架山道或大潭道进入港岛径。卫弈信径的前两段位于大潭和扩建部分，沿着港岛东部南北延伸，路径崎岖，适合有远足经验的人士使用。大潭郊游径也是大潭郊野公园的一部分，适合远足爱好者欣赏港岛西南的岛屿和深水湾的景色。对于对树木感兴趣的人来说，可以探索大潭树木研习径和黄泥涌树木研习径（图6-6）。

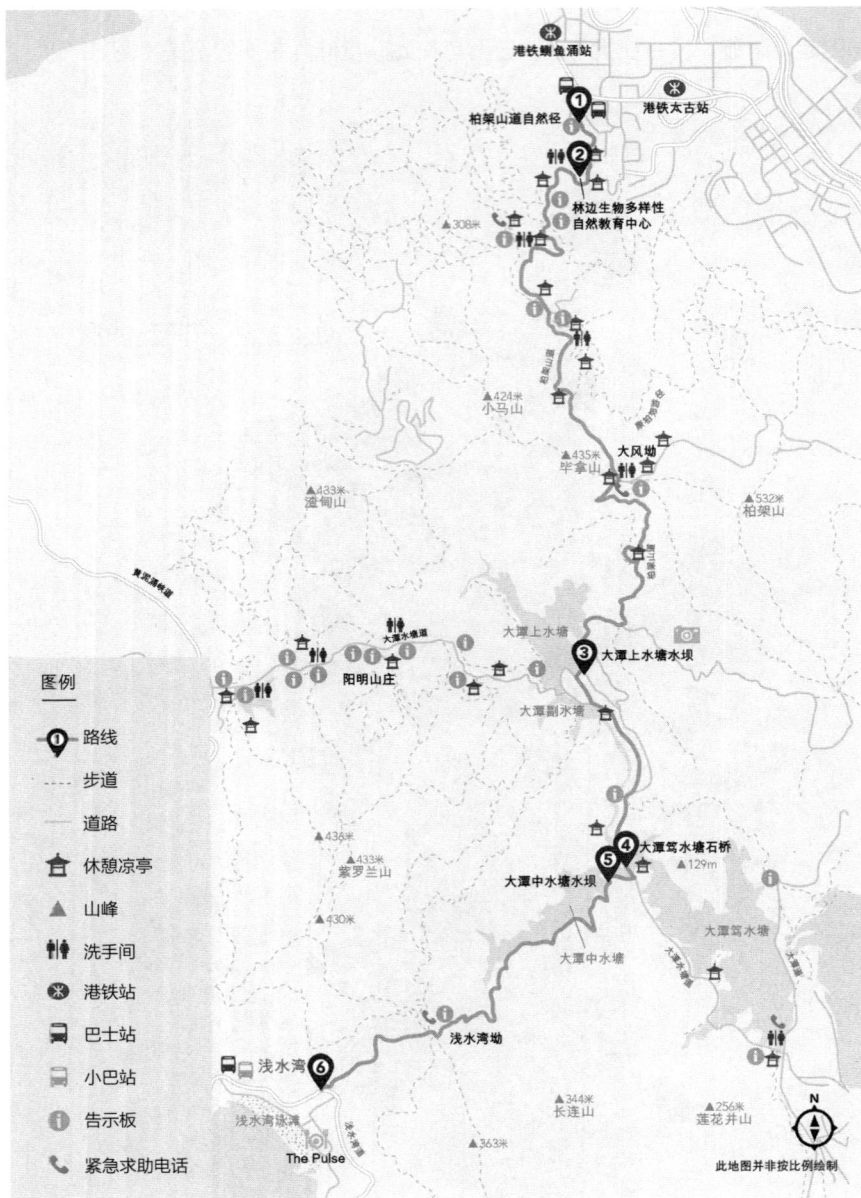

图6-6　大潭郊野公园设施布局图
（图片来源：香港旅游发展局网站）

6.1.5 西贡东郊野公园

1. 基本情况

西贡东郊野公园成立于 1978 年 2 月，位于香港新界东部，面积 4477hm²。是香港最大的郊野公园之一，也是香港拥有最多海湾的一个郊野公园（表 6-5）。西贡东郊野公园位于香港东部的西贡半岛和粮船湾地区，占地广阔，包括万宜水库周边、粮船湾洲、大浪湾、北潭坳、上窑和黄石码头等地。这里拥有香港最著名的海滩，包括西湾、咸田、大浪和东湾，还有远足爱好者熟知的蚺蛇尖等险峻山峰，以及破边洲、浪茄湾、鹿湖、大滩海峡、赤径等景点，能够给予游客有丰富的探索选择。

西贡东郊野公园情况一览表 表 6-5

功能分区	面积（hm²）
密集游憩区	44
分散游憩区	247
宽广区	155
荒野区	4031
总面积	4477
道路类型	长度（m）
行车径	9360
郊游路	35370
小径	118530
总长度	163260
设施类型	数量（处）
观景点	4
休息凉亭	20
烧烤点	8
厕所	30
观景台	5
告示牌	24
营地	7
游客中心	1
巴士站点 / 停车场	1
公共电话	2
急救电话	2

2. 资源条件

西贡东郊野公园以其壮丽的自然景观和多样的生态系统而闻名。其中包括了陡峭的山脉、茂密的森林、清澈的溪流、美丽的海岸线和岛屿。在西贡东郊野公园的山区，草原广阔，大部分山顶都被茂密的草地覆盖，主要的草类包括石珍芒（石芒草）、鸭嘴草和铁芒箕。山坡下的灌木丛常见野牡丹、桃金娘（岗稔）、岗松、细齿叶柃和大头茶等植物。一些稀有植物如吊钟花、山百合和罗汉松也偶尔可见。沿海岸线的灌木林呈现了多种独特和有趣的植物生长环境。白头鹎、褐翅鸦鹃（毛鸡）、大山雀、暗绿绣眼鸟（相思）和喜鹊等常见于树木茂密处，而翠鸟则在河溪附近觅食。大部分较大型的野生动物都是夜行性，很少被人发现，但在公园内曾有目击到箭猪、穿山甲、果子狸、中国豹猫、野猪和蟒蛇等物种的记录。这片古老的风水林也吸引了一些冬季候鸟，如鸫类等。

3. 设施布局

西贡东郊野公园的郊游路系统提供给游客丰富的选择。著名的麦理浩径以西贡东郊野公园为起点，从北潭涌出发，穿过万宜水库南部，跨越 8 个郊野公园，最终抵达屯门。在西贡东郊野公园内，麦理浩径的第一段和第二段提供了令人愉悦的远足体验。第一段大部分路径平坦舒适，沿途分支道通往沿岸村落，游人可以欣赏奇特的岩石和迷人的浪茄沙滩景色。第二段从浪茄出发，穿过西湾山，可以饱览大浪四湾壮丽景色，远眺蚺蛇尖挺立于海湾之后，北潭凹是这一段的终点（图 6-7）。

公园内还设置了 4 条郊游路。鹿湖郊游径适合精力充沛、有远足经验的游客，沿途风景秀丽，可以眺望清水湾半岛、万宜水库和马鞍山。北潭郊游径原为乡村古道，游人可以欣赏到滘西洲、盐田仔、桥咀和钓鱼翁等景色。上窑郊游径平缓舒适，沿途可以欣赏到斩竹湾、盐田仔、滘西洲等西贡内海的风光。北潭涌自然教育径提供户外教育场所，始自北潭涌，穿越海滩，终点设于西贡郊野公园的上窑民俗文物馆。沿途可认识海滩湿地常见植物如红树林和露兜树，以及昔日农业社会时具经济价值的本地原生植物。为方便家庭游客享受大自然乐趣，公园内还设有上窑家乐径和黄石家乐径，沿途设有休憩点，只需一至两小时即可完成。此外，公园还有两条树木研习径，分别位于大滩和黄石，路径较短，沿途可欣赏各种有趣的树木品种，并设有说明牌提供相关资料（图 6-8）。

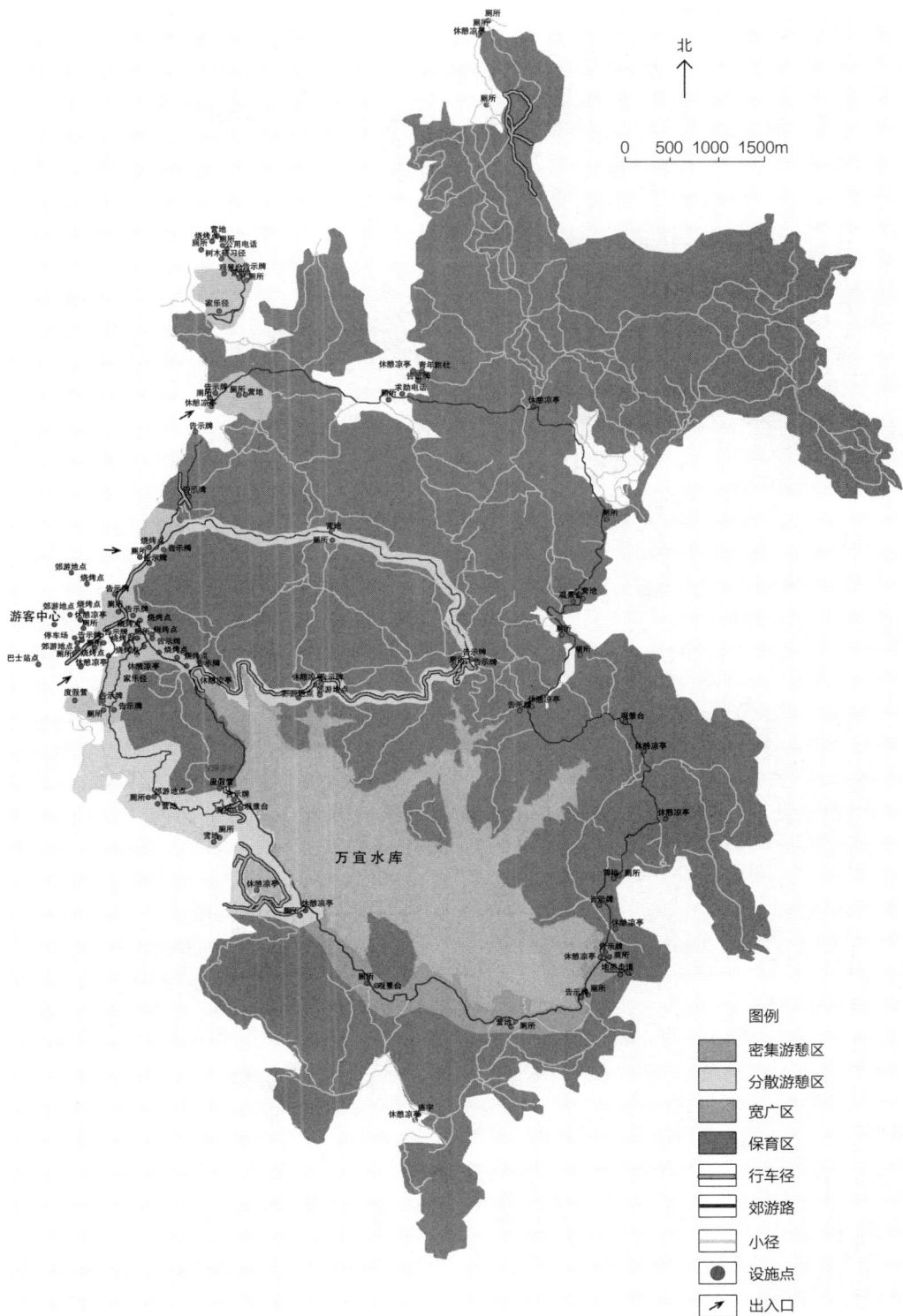

北

0 500 1000 1500m

万宜水库

图例

密集游憩区
分散游憩区
宽广区
保育区
行车径
郊游路
小径
● 设施点
↗ 出入口

图 6-7 西贡东郊野公园平面图

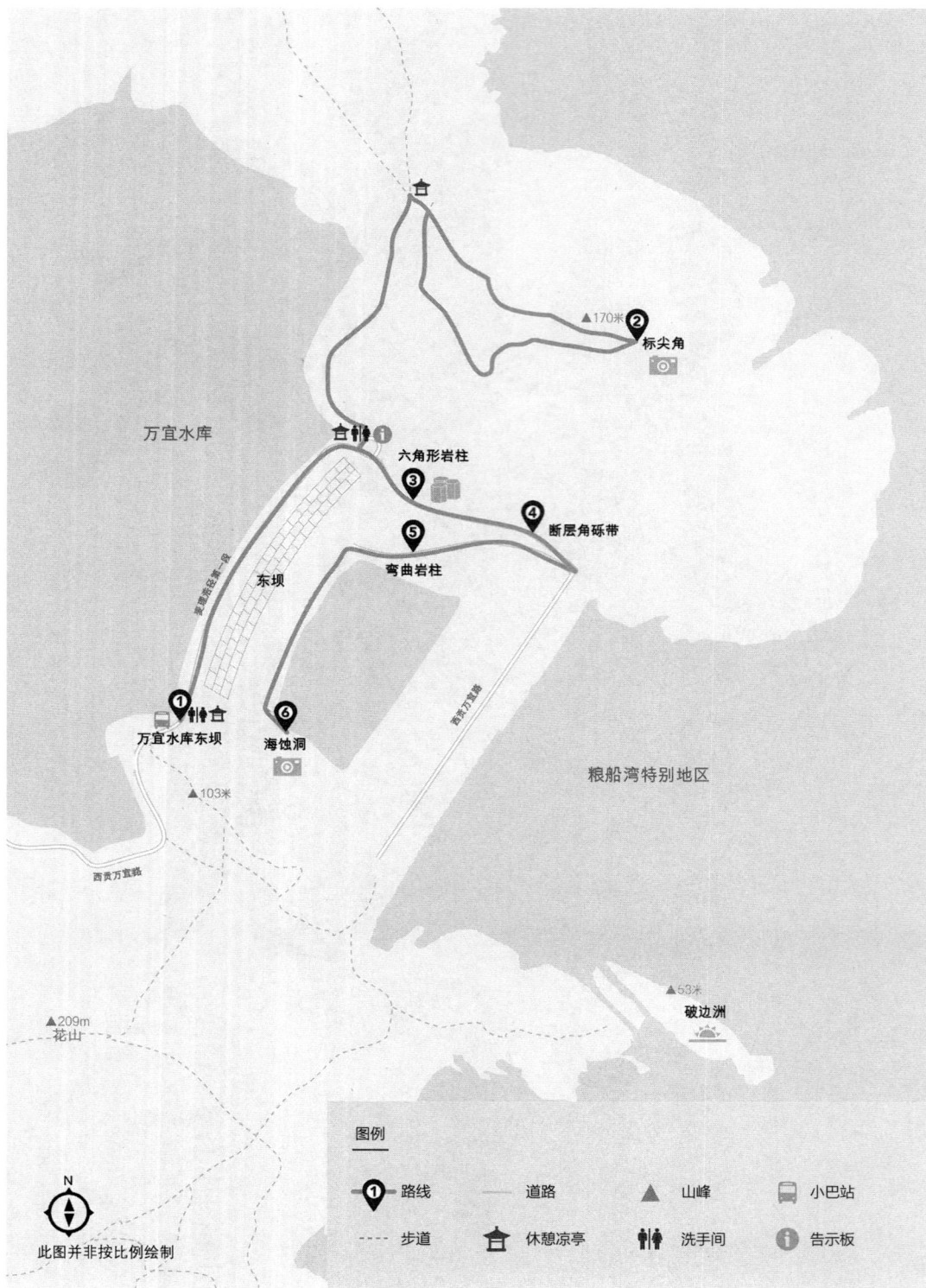

万宜水库

标尖角
▲170米

2

六角形岩柱
3

断层角砾带
4

弯曲岩柱
5

东坝

1
万宜水库东坝

6
海蚀洞

▲103米

西贡万宜路

粮船湾特别地区

▲53米
破边洲

▲209m
花山

N

此图并非按比例绘制

图例

1 路线
--- 步道
道路
休憩凉亭
▲ 山峰
洗手间
小巴站
告示板

图 6-8 西贡东郊野公园设施示意图

6.1.6 南大屿郊野公园

1. 基本情况

大屿山是香港最大的岛屿，总面积约为 144km²，共有 47 个村落。其中，梅窝、东涌和大澳是最大的 3 个村落，近年来已发展成新的市镇（表 6-6）。大屿山超过一半的地区被划为郊野公园，分为南大屿和北大屿两部分。南大屿郊野公园成立于 1978 年，是香港最大的郊野公园，总面积达 5640hm²；北面与北大屿郊野公园相连，南面沿屿南路，西面与分流相邻，东面与梅窝接壤。南大屿郊野公园包括芝麻湾半岛、水口半岛、大东山南坡、二澳、分流、万丈布、灵会山、石壁、十塱以及南山等地。著名景点有分流炮台、芝麻湾石林等。其中，登上凤凰山观日是游客必选的观光活动。

南大屿郊野公园情况一览表   表 6-6

功能分区	面积（hm²）
密集游憩区	80
分散游憩区	178
宽广区	263
荒野区	5119
总面积	5640
道路类型	长度（m）
行车径	8410
郊游路	184950
小径	22350
总长度	215710
设施类型	数量（处）
观景点	13
休息凉亭	17
烧烤点	4
厕所	25
观景台	2
告示牌	28
营地	8
游客中心	1
巴士站点 / 停车场	2
公共电话	2
急救电话	0

2. 资源条件

由于大屿山郊野公园地域广袤且远离喧嚣城市，因此成为动植物理想的栖息地，生态资源极为丰富。即便是一些相对稀有的植物品种，也可在凤凰山、大东山北麓以及芝麻湾半岛等地找到，公园内部还保留着大片的原生次生林，如树参、香港木兰和石梓等植物种类已经被列入《广东省珍稀濒危植物图谱》。人工植林区则主要集中在水塘集水区、光头山和山火后的植被补种地。大屿山的植林分布以石壁水塘为中心，向周围地区延伸。考虑到大屿山土壤贫瘠且靠近海洋，早期植物多采用体形大的速生树种，如台湾相思、红胶木和爱氏松等。近年来，种植了更多本地植物，如朴树、山苍子、水翁、樟树、梭罗、细叶榕和杨梅等。大屿山还栖息着许多具有代表性的香港珍贵野生动物，如匿藏在深山密林的黄猄、栖息于树上的活泼可爱的松鼠、翱翔于蓝天碧海的白腹海雕、穿梭于树间花丛的绿弄蝶以及停留在溪边水榭的薄翅蜻蜓等。

3. 设施布局

大屿山郊野公园远离城市的喧嚣，为市民提供了各种休闲活动的理想场所，休闲活动包括散步、露营、游览、游泳、钓鱼，以及在南部集水区的美景中烧烤或野餐。狗岭涌、大浪湾和箩箕湾沿岸设有三个营地，供游人扎营露宿（图6-9）。

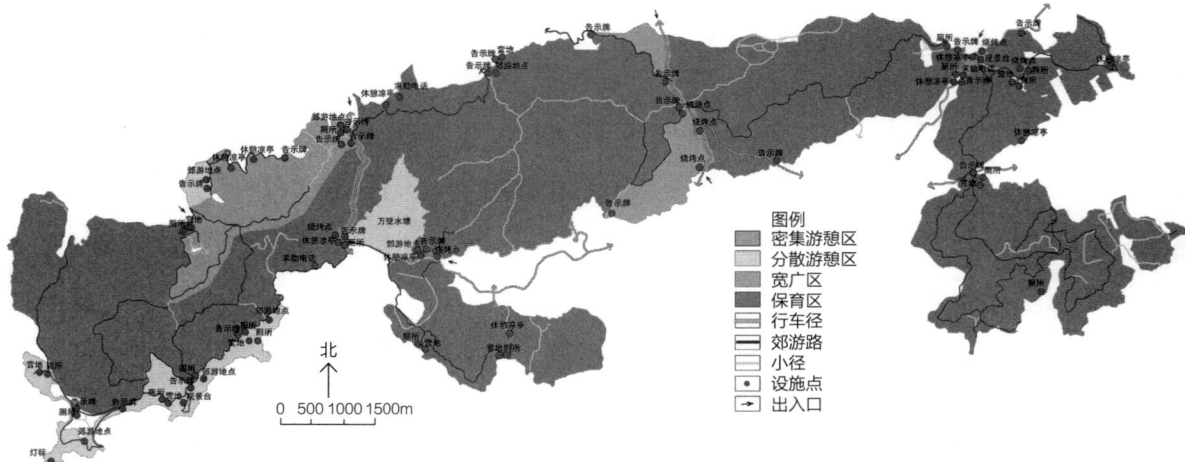

图6-9 南大屿郊野公园平面图

南大屿郊野公园设有凤凰径、昂坪奇趣径、郊游径、越野单车径、树木研习径等旅游路线，是家庭郊游的首选。市民也可以选择前往昂坪和上羌山的寺院游览，部分寺院还为游客提供经济实惠的住宿设施。在芝麻湾的望东湾，有一家青年旅舍供游客住宿。比外，在塘福和贝澳一带，还有私人经营的度假屋出租，环境幽美，可以为游客提供舒适的住宿体验（图6-10）。

图6-10 南大屿郊野公园设施示意图

6.2　深圳：郊野公园与城市规划共生发展

（1）城市山体隔离带时期（1979—1989 年）：1979 年，深圳从一个小村镇开始向现代化城市迈进。1980 年，中国城市规划事业在停滞 20 年后开始复苏，深圳作为第一个经济特区，其规划建设引起全国规划界的广泛关注。从 1980 年代初期开始，深圳城市总体规划中提出的带状组团式空间布局，恰恰就是利用山体作为隔离绿带，有效地使城市形成了组团式布局。这些隔离绿带成为深圳城市组团下的背景山体，也成为良好的城市景观。

（2）郊野公园思想引入期（1990—1996 年）：1990 年深圳人口一举突破 200 万，土地需求亦相应提高，郊野环境开始受到威胁。与此同时，深圳居民不仅需要日常起居生活的地方，而且需要到户外自然环境中体验康乐活动。当时就有以香港为样本，把这些隔离山体划做郊野公园的想法，马峦山郊野公园是深圳市政府规划的第一个郊野公园。1996 年《深圳市城市总体规划》中明确提出将原来的隔离带地区规划为郊野 – 森林公园。

（3）郊野公园建立和控制时期（1997—2005 年）：随着《深圳市城市总体规划1996—2010》编制完成并开始实施后，深圳从市域角度规划了 21 个郊野公园，总面积248.57km^2。同时，深圳市城管局在 2002 年组织编制了《深圳市郊野公园规划》。目前，深圳已经建成的郊野公园有 7 座，在建郊野公园 2 座。

在 2005 年，深圳颁布《深圳市基本生态控制线管理规定》，根据划定的控制线，深圳1952.8km^2 的陆地面积中，有 974km^2 土地被列入其中，其中包括了所有的郊野公园，郊野公园的范围和边界得到了法制性控制。截至 2013 年底，深圳市森林郊野公园总量已达19 个。羊台山、凤凰山森林郊野公园配套服务设施比较成熟，历史悠久的马峦山、塘朗山森林郊野公园有部分登山道，其他的森林郊野公园正在筹建中。在深圳市民生活中，尤其是福田区、罗湖区的居民和白领阶层等，郊野公园已经成为日常健身、周末野游的常去之地。

6.2.1　塘朗山郊野公园

1. 基本情况

塘朗山位于深圳市南山区，深圳北环大道与龙珠大道以北，平南铁路以南，东至南山区与福田区分界线，西至红花岭山脚，总面积为 1021.49hm^2。塘朗山拔地而起矗立在深圳湾北部，它与东部的梧桐山（944m）、银湖的鸡公头（445m）构成深圳市经济特区北部一道天然屏障，也是一条风景线。塘朗山山高谷深，登极顶可纵览深圳湾两岸城市和山海景观，东可眺望梧桐山、鸡公头等连绵起伏山脉，西与北可望珠江口海域、大铲岛、小铲岛、新安、西乡、福永、黄田机场、羊台山、西丽水库、铁岗水库、西丽高尔夫球场、西丽湖度假村等，东、南、西南可望深圳市罗湖区、南山区、福田中心区等。

2. 资源条件

塘朗山郊野公园拥有山高、谷深、水长的独特特点。公园内共有18条大小山谷，其中5条规模较大的山谷是理想的郊野游憩之处。塘朗山地处南粤，雨量充沛，山谷中常年有山泉流淌，形成了多处瀑布景观，给游人带来了视觉与听觉的享受。公园合理规划了水体利用，使水景得以充分开发利用。这些山谷中种植了大量果树，如荔枝、芒果等，可作为供游客游览型的果园进行开发，增添郊野公园的游览乐趣。公园内山谷幽深，林木茂密，是放松身心的好去处，游人可以沿着溪流徜徉，欣赏溪流瀑布的悦耳声音，感受森林浴的愉悦，享受烧烤野炊的乐趣，体验回归自然的野趣。

塘朗山的生物景观包括植物和动物两类。山上植被丰富多样，有天然次生林和人工经济林，如荔枝、龙眼、芒果等，以及桃金娘、毛稔、水杨梅、中华楷等山花，形成了壮丽的自然景观。动物方面，塘朗山拥有丰富的鸟类资源，如老鹰、斑鸠、画眉等。此外，山上还有丰富的蝴蝶资源，吸引了无数游客前来观赏。

3. 功能布局

塘朗山郊野公园的布局形态考虑了景观要素、用地组织、功能关系和交通组织的整体空间形态，以及公园的功能分区、结构、地域和环境等内在联系和特点。公园的布局结构以塘朗峰为中心，以山脊线为骨架，形成了块状组织结构。根据风景资源的属性和特征，公园划分为游览休憩、森林保育和公园管理三个功能分区（图6-11）。

游览休憩区包括塘朗峰、深云谷、红花岭和望天螺4个景区，总面积为607.03hm^2，保持了景观和环境的完整性，便于进行可靠的保护和管理。森林生态保育区面积为384.46hm^2，旨在保护和培育森林植被的完整，维护生物种群结构和功能特性。公园管理区位于主要入口处，包括入口广场、停车场、公交站等设施，面积为30hm^2。

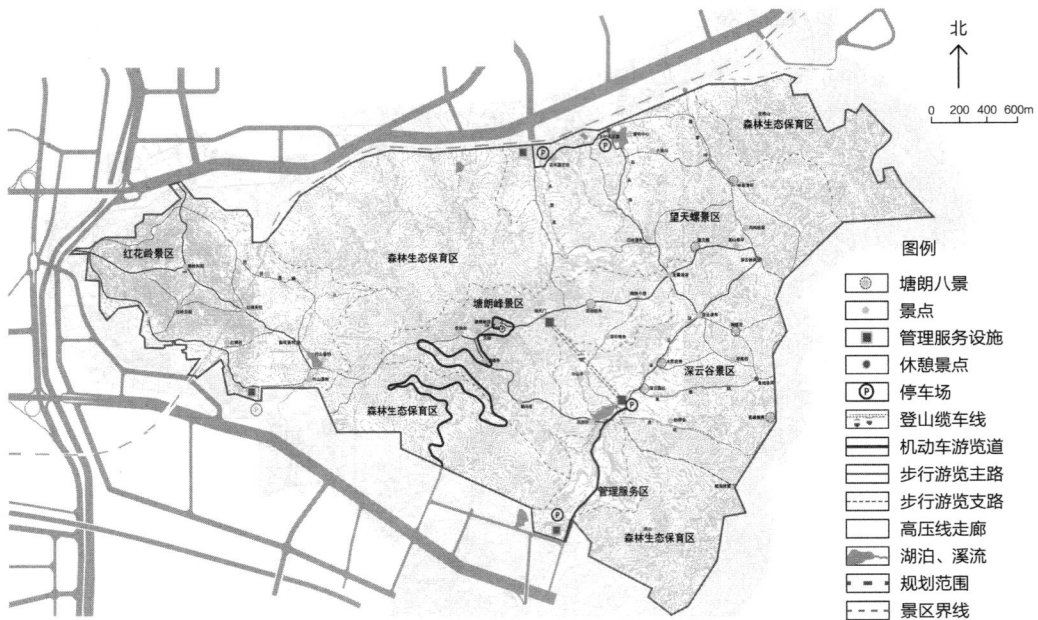

图 6-11 塘朗山郊野公园平面图

塘朗山郊野公园的路网布局以自然式布局为主，沿着山谷、山脊和山坡地形形成环网状结构，分为机动车道、主路和次路三级。机动车道总长 6897m，共有三条路线。主路长 12080m，宽度为 2.0~2.5m，连接着深云谷、塘朗峰、望天螺和红花岭 4 个景区，设有路标引导游人沿着选线游览。次路则是除主路外的所有公园游览步道，总长 19175m，路宽 1.0~1.5m，沿山谷、山脊和在林中穿行，供游人自由选择。此外，公园内还规划了一条长 900m 的索道，从深云谷景区至塘朗顶景区南天门，方便游人登顶观景。

4. 服务设施

公园服务与管理设施分为两级：公园服务与管理中心和区级服务管理站。公园服务中心和管理中心位于深云谷口，设有公园办公处、治安处、垃圾转运站、变电站、电话交换站、广播站、仓库、车库、设施维修处、职工食堂、职工宿舍等，同时配备停车场、自行车存车处、公用电话亭、厕所、小卖店、冷热饮、餐厅等公共服务设施，构建了综合性服务管理中心。区级服务管理站共有 5 处，分别是深云烧烤场、南天门、塘朗顶、红花岭南入口和望天螺景区入口。景区级服务设施有 11 处，根据景区入口和主要景点设置，实施分区、分片服务与管理（表 6-7）。

　　郊野公园规划研究

设施类型	设施项目	功能分区				
		公园管理区	深云谷景区	塘朗峰景区	红花岭景区	望天螺景区
服务设施	小卖店	●	●	●	●	●
	冷热饮	●	○	○	○	●
	餐馆	●	○	—	—	○
	摄影部	●	○	○	—	○
	烧烤场	○	●	—	—	○
公用设施	厕所	●	●	●	●	●
	电话	●	●	●	●	●
	果皮箱	●	●	●	●	●
	饮水站	●	—	—	●	●
	路标	○	●	●	●	●
	停车场	●	○	—	●	●
	自行车存车处	●	—	—	●	●
管理设施	管理办公室	●	○	○	●	●
	治安机构	●	●	—	●	●
	垃圾站	●	—	—	●	●
	变电房	●	—	—	○	○
	电话交换站	●	—	—	—	—
	广播室	○	—	—	—	—
	仓库	●	○	—	●	●
	修理车间	●	—	—	—	●
	管理组	○	●	●	●	○
	沐浴室	●	—	—	●	●
	车库	●	—	—	—	○

注：●表示应当设置的设施；○表示可以设置的设施；—表示不得设置的设施。

6.2.2　马峦山郊野公园

1. 基本情况

马峦山郊野公园位于深圳市，东临葵涌水库，南至红花岭水库北侧山脊线，西靠三洲田水库，北界为坪山镇碧岭村和黄竹坑村山边，呈带状分布。公园东西纵向约15km，南北宽约2km，总面积达31.42km²，是深圳市最大的郊野公园之一，内有著名景点包括"深圳第一瀑布"和"千亩梅园"等（图6-13）。

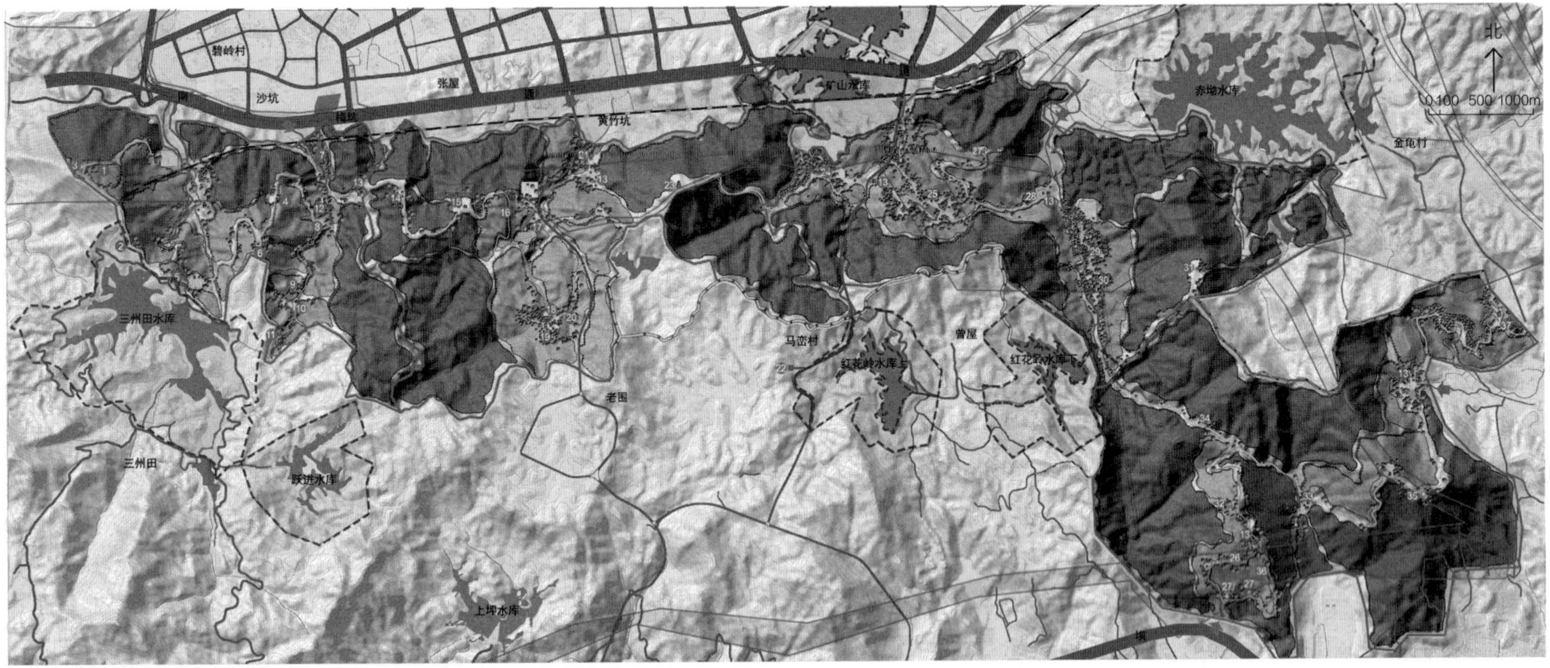

图6-12 马峦山郊野公园平面图

① 打鼓岭竹韵　⑥ 栋鼓顶瞭望台　⑪ 赏瀑亭　⑯ 橄榄桥赏瀑　㉑ 苗圃　㉖ 林间栈道　㉛ 瞭望台　㊱ 亲溪探林
② 远足休息站　⑦ 花圃　⑫ 入口休闲茶室　⑰ 水边茶室　㉒ 马峦观瀑区　㉗ 苗圃　㉜ 临风阁　㊲ 苗圃
③ 打鼓岭观景台　⑧ 登山道入口服务用房　⑬ 护林防火管理站　⑱ 径子沟台观光　㉓ 马峦瞭望塔　㉘ 观景台　㉝ 幽幽揽兰台
④ 休息亭　⑨ 龙潭溯溪　⑭ 休息亭　⑲ 客家古村落　㉔ 纪念植林区　㉙ 休息亭　㉞ 远足休息径
⑤ 综合管理用房　⑩ 龙潭瀑布群　⑮ 企鹅顶瞭望台　⑳ 苗圃　㉕ 水保展示点　㉚ 自然学习径　㉟ 观海台
　　　　　　　　　　　　　　　　　　　　　　　　　　　　　　　　　　　　　　　㉟ 自然认知园

郊野公园规划研究

2. 资源条件

马峦山郊野公园范围内群山起伏，最高峰为西面的打鼓岭，海拔525.9m。在山顶可纵览城市和山海景观，西可眺望梧桐山脉，南可望大小梅沙、盐田港及香港新界的山体，北可望坪山、坑梓及龙岗中心区。层峦叠嶂，山海一体。整个马峦山具有清幽、洁净、多彩的山（马峦群山）、水（大小水库6~7个）、瀑布（马峦瀑布、龙潭山瀑布群、榄核桥瀑布）等自然资源以及种类繁多的动植物资源。

3. 功能布局

根据地形和景观特点，马峦山郊野公园划分为四大景区：秀岭叠瀑景区、碧野连峰景区、自然保育景区和犁壁观海景区。公园规划了一条自西向东的马峦远足径，贯穿整个公园，也连接了各个景区。

（1）秀岭叠瀑景区：位于公园西部，面积510.5hm²，包括打鼓岭、栋鼓顶、龙潭山等。秀岭叠瀑景区以石壁瀑布和溪流为主要特色，景区设有打鼓岭竹韵、龙潭溯溪等景点和服务设施。

（2）碧野连峰景区：位于公园中部，面积791.0hm²，以大小山峰相连为主要景观，规划以山地运动为主题。景区设有榄核桥赏瀑、卦神山观景塔等景点和设施。

（3）自然保育景区：位于碧野连峰景区东部，面积860.3hm²，主题为环保和生态，包括水土保持公园、自然认知园等。自然保育景区致力于保护现有植被，并增加动植物多样性。

（4）犁壁观海景区：位于公园东部，面积1005.8hm²，直面大鹏湾，以登高观海为主题。景区设有临风台、幽幽兰谷等景点和设施，供游人欣赏海景。

4. 设施布局

马峦远足径以马峦山郊野公园的最西端——打鼓岭为起点，葵涌海边山头为终点，总长度约27km，路宽约1~1.2m，分为6段。根据山势地形和路径长短，设立不同的难度系数，游人可根据自身情况选择不同的路段。远足径沿途设坐凳、指示牌、景观指示牌、垃圾桶、公共厕所等安全服务设施。打鼓岭家乐径，设立在远足径的起点附近，约1km长，地势平缓，沿途设有完善的远足指示，适合初次远足者和全家人共同游玩。

公园内有 3 条自然学习径和 1 条环保小径。沟谷季雨林学习径位于卦神山东南部的沟谷带，该处山高林密，谷幽洞深，植被类型丰富，是认知沟谷季雨林的好地方。在小径的两侧，用指示牌标示出各种珍稀植物种类，以便识别。上水磨自然学习径和赤坳溪谷自然学习径通过悬挂标牌和布置展示板的形式，向游客介绍动植物品种及其习性，同时以各种展示形式向游客讲解马峦山的动植物与生态保护工作。环保小径位于大顶山东北侧，用日常生活的废旧用品设计成标示牌、座椅、垃圾桶等服务设施，以教育游人要珍惜生态环境。

6.3 北京：郊野公园——城市的"公园环"

（1）绿化隔离带时期（1958—2003年）：北京市绿化隔离地区是自20世纪50年代以来历次北京市城市总体规划中规定的市中心地区与边缘集团之间以及边缘集团之间的绿化地带。尽管总体规模和规划绿地面积一再缩水，但半个世纪以来绿化隔离带对北京城市形态的发展、城市环境的影响却是有目共睹，首都也因此才在中心城区的周边留下了珍贵的环状绿色空间。

（2）隔离带思路转变期（2004—2006年）：在《北京城市总体规划2004年—2020年》中针对绿化隔离地区的建设提出，第一道绿化隔离带应建设成为具有游憩功能的景观绿化带和生态保护带。仅具单一的生态防护功能的隔离带转变为可以提供城市景观和满足居民休闲游憩需求的公园性质的绿地。

（3）"公园环"建设时期（2007年至今）：2007年北京市启动了第一道绿化隔离地区"公园环"的建设，提升改造的15处公园已于2008年5月向市民开放。"公园环"是由上百个公园构成，而这些公园的位置从三环内侧到五环外，涉及区域广泛，初步规划了新增约60个市域公园（郊野公园）。新增市域公园的平均规模约130hm^2，大型的市域公园规模甚至达到400hm^2。

北京市郊野公园的建设基础是北京市的绿化隔离地区。2007年北京市政府提出开始建设郊野公园，要"打造第一道绿化隔离地区，形成以公园环以及景观带、生态保护带为主体的绿环"。北京市首先启动了15处公园的开放。《北京城市总体规划（2016年—2035年）》中明确提出在第二道绿化隔离地区建设郊野公园环，掀开了郊野公园建设的新篇章。规划提出提高第二道绿化隔离地区的绿色空间比重，全面展开郊野公园建设，将第二道绿化隔离地区定位成以郊野公园和生态农业为主导方向的环状绿化隔离带。同时，与第一道绿化隔离地区"公园环"、环首都森林湿地公园建设共同形成三环结构。

6.3.1 八家郊野公园

1. 基本情况

八家郊野公园规划区域位于海淀区东升乡东至双清路，西至轻轨铁路，南至林姓住户，北至五环路，总体规划面积为 111.32hm^2（1669 亩），2008 年可实施面积为 101.45hm^2（1521 亩，表 6-8）。规划区域内包括海淀区东升乡听松堂、北京市天主教神哲学院和海淀区环卫局汽车站。

八家郊野公园用地平衡表 表 6-8

区域		面积（m^2）	百分比（%）
硬质景观	道路	35657.75	3.51
	铺装广场	16800	1.66
	林下停车场	9000	0.89
	合计	61457.75	6.06
建筑	厕所（2个）	200	0.02
	小卖部（1个）	100	0.01
	管理用房（1处）	212	0.02
	管理服务中心（1处）	1500	0.15
	合计	1912	0.2
园林小品	弧形花架（1组）	75.6	0.007
	方花架组（2组）	512	0.05
	花架亭（2个）	32	0.003
	合计	619.6	0.06
绿地		950517.65	93.68
总面积		1014507	100

2. 功能布局

整个区域分为 3 个区，分别为健身步道景观区、密林景观区和疏林景观区。

八家郊野公园位于八家村和未来的清华家属区附近，周边有众多高校，如清华大学、北京林业大学、北京语言大学、中国地质大学等。因此，公园的总体规划及功能定位是为周边居民和大学生提供休闲、娱乐和康体健身的场所（图 6-13）。

（1）健身步道景观区：公园被两条规划路划分为 3 块，为保持景观连续性，设计了 1 条呈闭合曲线的健身步道，形成自然流畅的观赏性景观林带。步道沿线种植了不同的彩叶树种，形成了春、夏、秋、冬四季各具特色的植物景观。步道也是主要的动态游戏路线，林中设有围树座椅供游人休息，沿线还设置了方形小广场，满足游人的基本功能需求。

（2）密林景观区：主要包括项目东侧的景观密林带和北侧紧邻五环路的防护密林。这些

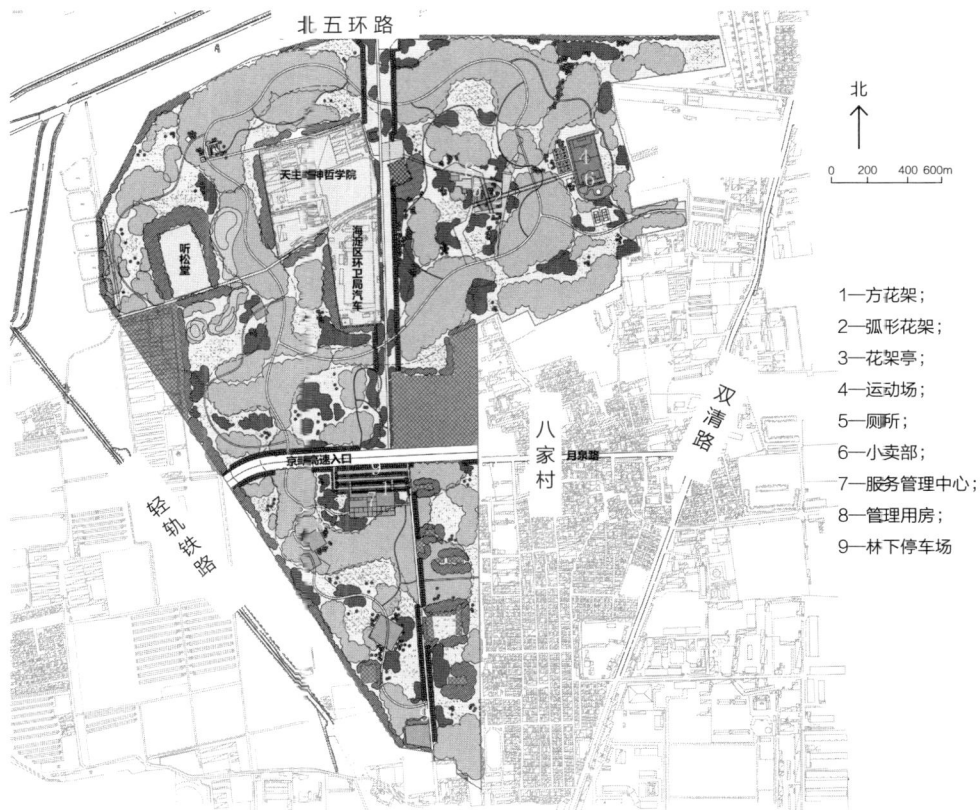

图 6-13 八家郊野公园平面图

区域为人们提供了享受森林谷，进行健身、野营和野炊活动的场所，并起到了隔绝噪声和污染的作用。

（3）疏林景观区：位于项目东侧和南侧，现有的景观林地保持了较好的状态。设计上考虑了种植低矮的小灌木和地被花卉，保持视线畅通，并增加了多品种的植物，改善了原有的单一植物品种状况。

3. 道路设计

一级车行游览路宽 4~5m，以保证园内交通连贯性；二级游览路宽 2.5m，提供良好的游览空间，创造宜人环境景观；三级游览道路宽 1.5m，连接景点。

项目中设计的 5m 路为车行道路，方便单位车辆通行，4m 路为景观散步道路，也是园区消防通道。

道路多采用彩色生态透水地坪，类似豆粒石，主要为咖啡色，使园区更自然、质朴。该铺装具有透水率高、承载力强、装饰效果好、易维护等特点，能吸收城市噪声，减少地面光反射，缓解城市热岛效应。

4. 种植设计

八家郊野公园以自然布局的景观林带为主要特色，呈现群落式景观效果，宽度介于20m 与 80m 之间。这些景观林带通过增加植物种类，包括乔木、灌木和草本植物，构建稳定、健康的植物群落。种植设计遵循生态优先、适地适树、生物多样性原则，以及多树种、多植物、多层次、多色彩的要求。植树时根据树木生长规律进行适度间隔、留疏，适当增加大规格的常绿树和彩叶树，同时大量栽植地被植物，实现三季有花、四季常绿、土壤不暴露的生态景观效果。

5. 服务设施

环境小品包括公共建筑和环境设施，其布置以满足功能需要为前提，以相对集中、分散有序为原则。在各景观节点及人流相对集中的地段，设置景观廊、架、休息亭等休息设施和雕塑建筑物等，这些景观廊架等成为各个广场及节点的中心标志物和象征。公园配套服务设施建设应从满足游客的基本需要出发，主要包括公园管理用房、道路、游人集散广场、绿荫停车场、厕所、健身器材、公共电话、果皮箱、标识牌、科普宣传栏、小卖部、园椅等，满足人们休闲娱乐、运动健身等需要，并普及科普文化知识。

管理服务中心建筑主要包括值班室、保安监控室、办公室、厕所（生态厕所设备间）和小卖部及防灾指挥办公室、快餐厨房和储藏室、配电室等。

6.3.2 海子郊野公园

1. 基本情况

海子郊野公园位于北京市丰台区新发地，地处南四环与南五环之间，占地约 28hm^2（表 6-9）。公园的西北侧是铁路，西侧是京开高速，南侧紧邻城市道路，东侧为村庄和农田。

工程项目	工程量	单位
规划总面积	293031	m²
实施总面积	270926	m²
配套服务建筑	1377	m²
道路铺装	12261.7	m²
广场铺装	12127	m²
水体面积	13300	m²
绿地面积	231860.3	m²
土方量	5606	m³

目前，园内的现状林已初步形成规模，大部分生长状况良好，但存在几个问题：①植物品种单一，种植手法单调，缺乏乔灌木，导致林相及四季景观不丰富；②林冠线相对较平，缺乏变化；③林缘缺少花灌木，色彩和层次过于单调；④周边防护林只有一个层次，遮挡防护作用不强。园内现状局部道路已形成，路面状况基本良好，但路网密度分布不均匀，且现有铺装材料不符合郊野公园的要求。另外，除了建成绿地有局部地形外，其余场地过于平坦，缺少地形起伏变化，景观层次不够丰富。在水系方面，水岸形态生硬单调，岸线缺少曲折变化。同时公园严重缺少服务设施及活动内容，公园服务对象不明确，林木绿地的多种功能和效益没有得到应有的发挥。

2. 规划思路

在植被方面，充分保留现有植被，对现有常绿植物进行适度移植，并合理搭配乔灌常绿。同时丰富树种，增加乡土落叶乔木和花灌木，以丰富林缘景观并增加色彩层次。结合景点设置，适度开辟林间空地和疏林草坪，以增加活动空间。

在道路和铺装广场方面，基本保留现有道路，并局部梳理路网密度，以满足公园设计要求。重点区域将增加中小尺度序列林荫下铺装，以满足不同人群的交流和活动需求。

在地形竖向方面，结合林间空地和疏林草坪适度增加微地形，以丰富景观和活动空间。通过回填土使水岸形成草坡入水景观，并局部设置湿地景观，以增加绿岛。

在服务内容及设施方面，结合林间空地增加"科普展示角""生态展示牌"等功能区，提升公园的文化价值。同时增设管理房、公厕、座椅、垃圾箱、照明灯具、雨水回收利用等硬件设施，全面提升公园品质（图6-14）。

图 6-14　海子郊野公园平面图

01—主入口；	06—折桥；	11—野生花境景观；	16—体育休闲场地；
02—林荫停车场；	07—花卉广场；	12—疏林草地；	17—寿松亭；
03—科普宣传栏；	08—一亩泉；	13—车行入口；	18—海子桥
04—次入口；	09—亲水广场；	14—林间活动场；	
05—老年活动中心	10—观景台；	15—主题活动区；	

6.3.3　常营公园

1. 基本情况

本项目位于朝阳区常营乡西北部绿化隔离带的千亩银杏林中。北侧与东坝乡相接，西侧、南侧与常营公园一期相衔接，东邻东苇路。其通过东五环、机场高速路可快速到达项目地域，因此项目地的城市交通条件是十分便捷的。整个银杏林项目占地约 1114 亩（74.3 万 m²）。其中一期改造建设规模为 516 亩（34.4 万 m²）；常营公园二期改造建设规模为 598 亩，约合 39.87 万 m²（表 6-10）。

常营公园用地平衡表   表 6-10

类别		占地面积（m²）		百分比（%）
新建园路和广场		28662		7.19
项目配套建筑		2230		0.56
绿地	新增苗木面积	123700	367775	92.25
	提升调整植物	23000		
	保留苗木面积	204151		
	小肠沟水系面积	16924		
总面积		398667		100

2. 设计思路

公园的建设内容主要包括种植调整、基础设施、地形整理和公共服务配套设施4个部分。在种植调整工程中，充分保留现有植被，注重植物多样性，形成乔、灌、地被多层次植物群落，同时结合园林植物的文化性原则、视觉效果与意境效应，并对现有银杏林进行改造，利用其形成特色秋景园。基础设施包括道路广场、停车场、给排水设施和电力设施。公共服务配套设施则涵盖了公园管理用房、厕所、小卖部、座椅、果皮箱、标识牌、健身器材等，以满足人们休闲娱乐、运动健身等需求（图 6-15）。整体设计思路旨在营造银杏林景观走廊，配置特色植物空间，并结合地形布局形成相对独立的墓园区域。

3. 功能布局

根据活动内容的合理布局，整个园区划分为以下 5 个功能区。

（1）入口区：主入口设于公园东南侧、东苇路上，设有标识和中心交通绿岛，并配备服务及管理功能。设立人行入口于公园东北侧，靠近滨水景观带，以满足游人从不同方向进入公园的需求。

（2）绿色养生休闲区：以银杏为主体，丰富植物种类，形成银杏景观林，并增加银杏、杏树、杜仲、芍药等，创造养生保健环境。设置银杏台、杏花谷、香花广场和芍药圃等区

图 6-15 常营郊野公园平面图

域，展示植物文化特色。

（3）绿色健康活动区：结合一期的绿色健康活动区，设置慢跑、健身等活动设施。提供具有不同季节特色的休闲空间，如樱花岛和四季绿亭。

（4）柏树园区：修建一级路与现有路相贯通，形成墓园的交通环线，并配备常绿植物，打造素雅庄严的墓园环境。

（5）滨水休闲区：整治小肠沟，设置滨水景观道和滨水休息平台，营造春景盛放的滨水景观带，提供休闲空间。

6.3.4　鸿博公园

1. 基本情况

本项目位于北京市朝阳区小红门乡。项目总占地 130hm²，一期建设面积为 80hm²（合 1200 亩）。一期建设用地为一狭长地块，东西向最长约为 1016m，最短约为 380m 宽，南北向长为 1415m（表 6-11）。本项目东邻博大路，西邻牌坊村路，北边为通九路，南倚南五环，交通十分方便。项目地紧邻北京经济技术开发区，京津塘高速公路贯穿其中，是北京市东南方的门户。项目地南侧有亦庄文化园，北侧博大路沿线有镇海公园。

用地平衡表　　　　　　　　　　　　　　　　表 6-11

名称	单位	数量	百分比（%）
总用地面积	m²	800000	
绿化面积	m²	695303	86.91
水面	m²	49175	6.15
园路	m²	31417	3.93
一级园路	m²	17210	
二级园路	m²	11742	
三级园路	m²	2465	
铺装	m²	20105	2.51
入口广场铺装	m²	5380	
林荫活动场铺装	m²	8190	
林荫运动场铺装	m²	1700	
林荫停车场铺装	m²	4835	

名称	单位	数量	百分比（%）
建筑	m²	4000	0.50
1. 百花苑：360m²			
园物管理用房	m²	260	
库房	m²	100	
2. 百香苑（东入口）：2000m²			
厕所	m²	100	
小卖部	m²	50	
服务用房	m²	850	
管理用房	m²	1000	
3. 风荷苑：840m²			
水务管理区	m²	240	
游客服务	m²	600	
4. 北入口：300m²			
门房及消防库房	m²	200	改造
厕所	m²	100	
5. 西入口：350m²			
厕所	m²	100	
小卖部	m²	50	
茶室	m²	200	
6. 西南入口：150m²			
门房	m²	50	改造
厕所	m²	100	

2. 资源条件

现状乔木基本以毛白杨、白蜡为主，分布于园区的周边，在景观上对外界形成良好的屏蔽作用，同时在一定程度上起到了防风、隔离污染、调节气候的作用；园区中部种植果树，多为桃、李、梨等品种，果树因缺乏管理，生长势弱，结果量低，部分果树需更新；除苗圃区有少量地被外，其他区域基本无地被覆盖。

3. 功能布局

根据现有植被分布和不同植物的季相特征，公园划分为多个景区。其中，吟红苑位于入口处，以桧柏、毛白杨为主，并增加红色叶、红花、红果树种；风荷苑结合核心水景种植水生植物；绚秋苑突出秋季景观，以银杏、木槿为主；咏春苑突出春季景观，以柳树、杨树及千头椿为主；百香苑以桧柏、桃为主，增加芳香花灌木；桃李苑以桃、梨、李、樱桃为主，并增加蔷薇科植物；百花苑增加地被花卉形成观赏区域；冬韵苑为二期用地，以冬季景观为主，增加常绿树种比例；槐荫苑位于东南部，大量栽植豆科植物，以槐树为主要景观并突出夏季景观。在分期规划方面，鸿博公园一期建设面积为 80hm^2（合 1200 亩），二期建设面积为 50hm^2，总占地 130hm^2（图 6-16）。

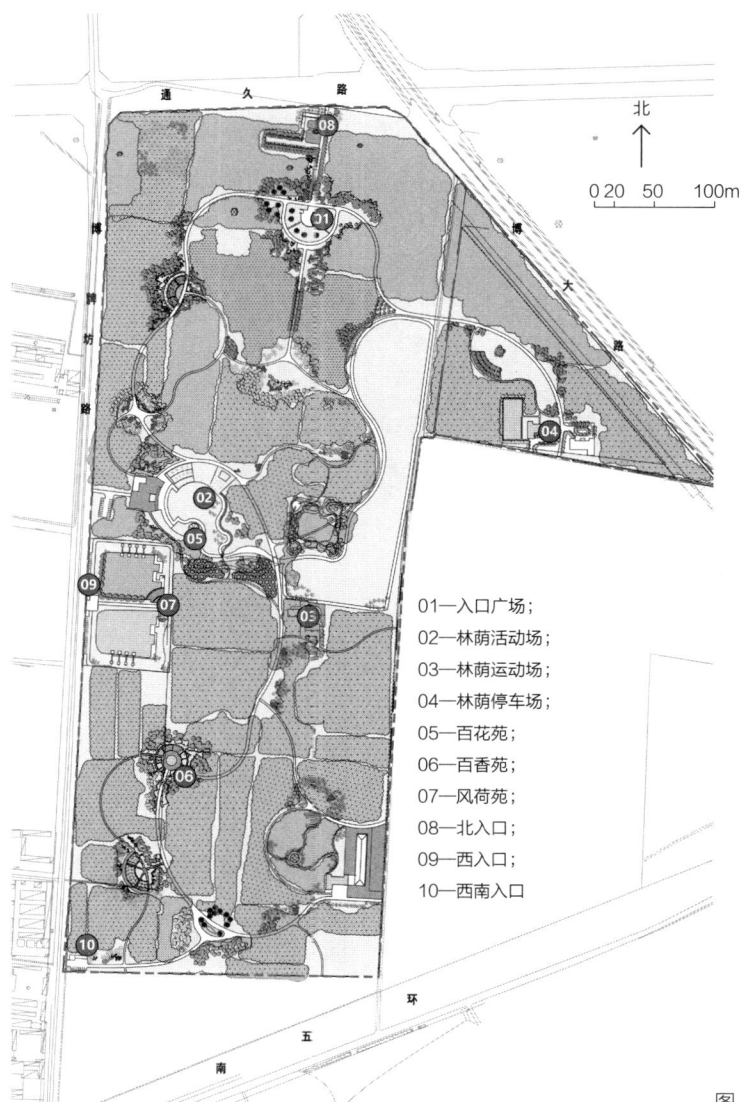

01—入口广场；
02—林荫活动场；
03—林荫运动场；
04—林荫停车场；
05—百花苑；
06—百香苑；
07—风荷苑；
08—北入口；
09—西入口；
10—西南入口

图 6-16　鸿博公园平面图

4. 道路规划

根据现状条件及周边环境，在园区北侧紧邻居住区位置及博大路方向设置主要出入口，西侧设置次出入口。一级园路：宽约 5m，作为园区的主要环路，连接各个分区和景点，并兼作消防通道和机动车作业道；二级园路：宽 2.5m，作为一级园路的补充，完善道路系统；三级园路：宽 1.5m，为景点内的道路，方便游人快速到达各景点。

5. 竖向设计

园区目前以片状林地为主，因此在保留现有树木的前提下，竖向设计不宜考虑过大的地形起伏。竖向设计以现有地形为基准，以园区中部现有水泥路面标高为 ±0.000m，适度改造现状地形，园区内部的地形最高点约为 3.0m。原有的 4 个鱼塘已经改造成 1 个自然景观水面，并与现有的人工湖相连通，可用于收集雨水。这个系统与园区的排水系统相连接，多余的雨水可通过排水系统排入凉水河。

6. 种植设计

公园现有植被多为片林及果树，苗木品种单一，景观效果有待提高，生态效益不显著。在最大程度保留原有植物的前提下，丰富植物品种，增加彩叶树种和花灌木，提升植物景观效果。植物注重四季景观的变化，做到"春有花、夏有荫、秋有果、冬有青"。

6.3.5 玉泉公园

1. 基本情况

规划用地位于北京海淀区四季青镇。北至玉泉山，南至玉泉沙坑南侧，东至北坞村路，西至茶棚路和海淀西洼俱乐部。2008 年实施面积 494 亩（32.95hm²）（表 6-12）。

玉泉郊野公园用地平衡表　　　　　　　　　　　　　　　　表 6-12

区域		面积（m²）	百分比（%）
硬质景观	道路	13945	4.23
	铺装广场	2800	0.85

	区域	面积（m²）	百分比（%）
硬质景观	林下停车场	2000	0.61
	合计	18745	5.69
建筑	管理服务中心（1处）	660	0.20
	合计	660	0.20
园林小品	长花架（1组）	120	0.036
	方花架（1个）	16	0.005
	亭（1个）	8	0.002
	合计	144	0.04
绿地		309949	94.07
总面积		329498	100.00

2. 设计构思

玉泉郊野公园的规划旨在充分体现地块的自然植被景观，并结合中国古典园林的传统理念进行营造。通过此举，旨在延续和传承中国自然山水园林和皇家园林的文化内涵，实现预期的规划目标，即创造出融合传统文化、自然情趣、自由空间和大众休闲的"郊野公园"。设计的关键词包括传统文化、自然情趣、自由空间、大众休闲和郊野公园。设计宗旨是树立亲近环境的理念，通过借鉴玉泉山和颐和园的景致，与周边自然景观和谐统一，创造出市民日常锻炼和休闲的空间，体现自然的亲和力，挖掘历史，反映地方特色，并在宫美性与经济性之间寻找平衡（图6-17）。

3. 功能布局

整个公园被划分为3个景观区域：云壑藏雨、西风长林和袅香三岛。

在景观设计方面，"云壑藏雨"的"雨"指的是"旧雨"，取自杜甫《秋述》中"常时车马之客，旧，雨来"的诗句。现有的泄洪坑周边已经进行了绿化，而本次设计进一步提升了这一区域的景观品质。计划在积翠池南侧的山顶建造一座眺远亭，与颐和园内的景观相呼应。在清风拂面的亭内眺望积翠池，带给游客别样的情趣和体验。

"袅香三岛"的名称取意于"饮罢方舟去，茶烟袅细香"。这一区域位于积翠池的北侧，

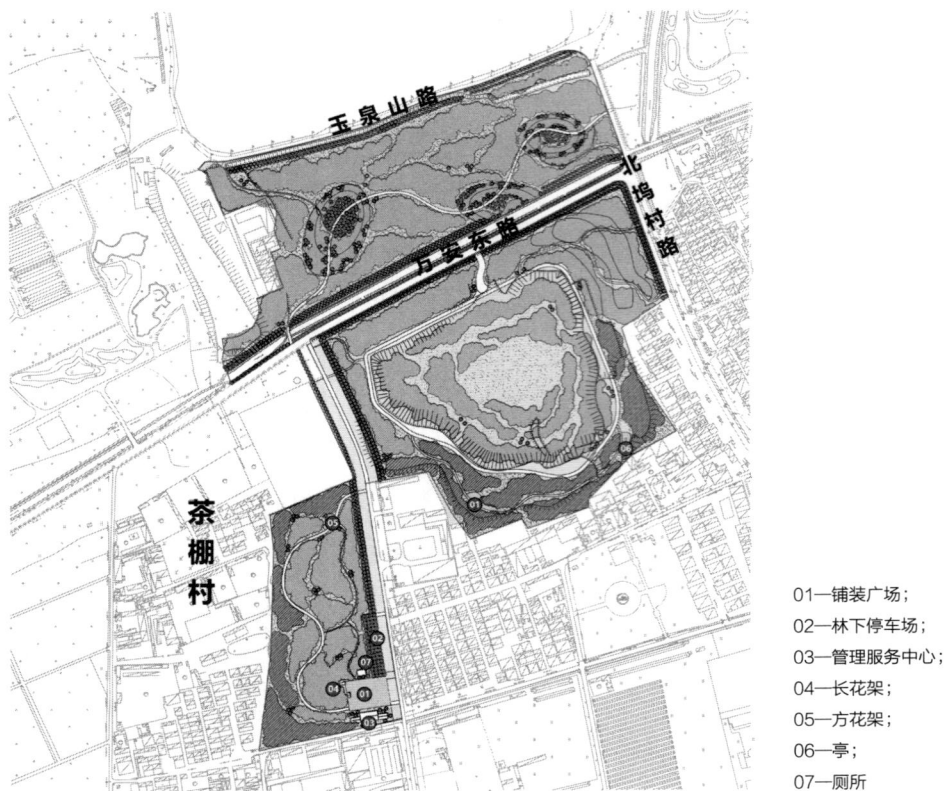

01—铺装广场；
02—林下停车场；
03—管理服务中心；
04—长花架；
05—方花架；
06—亭；
07—厕所

图6-17 玉泉公园平面图

目前是规则的路网和林地。设计上，将在整个地块内规划3个高起的绿岛，象征"一池三山"的意境，与池水的景观相得益彰。3个椭圆形的绿岛采用自然式种植设计，最大的绿岛宽度达上百米，而最小的绿岛宽度也有近50m，植被茂密，形成了一片密林。

"西风长林"的名称取自《康熙诗词集注》中"西山驻跸，夜闻秋声"一诗，描述了西风吹拂长林的景象。这一区域现状为小银杏林，道路设计以流畅的曲线为特色，寓意风吹树叶的动静交融之美。

在"云壑藏雨"景区范围内，曾经有建筑"影湖楼"，如果能够加以恢复，将对提升整个区域的文化内涵意义重大。

4. 道路设计

在道路设计方面，设置了一级、二级和三级游览路线。一级游览路宽4~5m，以确保园区内的交通连贯性；二级游览路宽2.5m，为游人提供了良好的游览空间，创造了宜人的环境景观；三级游览道路宽 1.2m，主要为连接景区内各个景点的游览道路，以保证游客的游览体验。公园采用彩色生态透水地坪构建道路，这种地坪铺砌效果类似于豆粒石，以咖啡色为主色调，使整个园区更显自然和质朴。彩色生态透水地坪能够迅速将地面水份渗透至地下，从而满足植物的浇灌需求，同时补充地下水资源。这种铺装材料具有透水率高、承载力强、装饰效果好、易于维护等特点，同时还能有效吸收城市噪声、减少地面光反射，降低城市热岛效应的影响。

5. 种植设计

基于公园现有植物生长情况，结合新品种的补充，以生态设计手法为重点，旨在营造一种朴实自然的环境氛围。生态设计的核心在于以自然为师，创建稳定的人工植物群落，减少对环境的过度干预，降低园林养护管理成本。群落景观设计考虑了不同层次的植被，包括地衣、地被、宿根花卉、小灌木、小乔木和大乔木等。通过筛选植物品种和对自然群落景观进行艺术加工，创造出丰富多彩的园林景观。在区域外围，采用高大速生乔木进行围合，内部则形成乔、灌、草相结合的群落种植，疏密有致。速生与慢生植物、常绿与阔叶植物的搭配科学而合理，乔灌数量比约为 1：2，阔叶树与针叶树数量比约为 3：2。构建适合景观和休憩需求的林分，同时增添其他观赏树种，注重林缘线和林冠线塑造。植物的选择要考虑季节变化，形成丰富的季相特色，既兼顾四季景观，又突出某一季的景色，让人们在季相变化中感知自然的变化。公园特别重点考虑了泄洪坑处的景观设计，使自然景观与人工景观和谐统一，营造出优美的视觉效果。

6.4 上海：长藤结"瓜"下的郊野公园

（1）环城绿化带时期（1993—2006年）：1993年6月上海市提出建设环绕整个上海的大型绿化带，规划在外环线的外侧建成一条宽度至少为500m的绿化带。上海环城绿化带全长97km，面积7241hm²。绿化带规划分为沿线100m宽的宽林带、400m宽的综合绿地以及10个主题公园3个组织实施层次。上海环城绿化带建设从1995年12月开始实施，分三期建设，这一整体布局被描绘为"长藤结瓜"，"藤"即绿化带，"瓜"则是沿线的郊野公园。

（2）郊野公园引入期和建立期（2007年至今）：2008年，上海提出在有条件的森林、湿地资源的基础上，将其改造成为森林公园、郊野公园、湿地公园以及其他各专类公园等。2010年《上海市基本生态网络规划》获得批复，其中郊野公园部分即由上海环城绿带和郊区林地中划定的十大片林改造而来，现状绿地面积3400hm²，到2015年规划面积5300hm²。围绕长藤结"瓜"中的十大片林，其中的两个郊野公园——宝安区的顾村公园与上海滨江森林公园已经相继落成，顾村公园面积达到了435hm²。

6.4.1 顾村公园

1. 基本概况

顾村公园位于上海宝山区顾村镇，是上海一处有名的郊野公园（图6-20）。顾村公园规划范围北至沙浦，与居住社区相接；南抵蕴藻浜，与外环线环北大道相连；东起沪太路，西达陈广路，总面积434.5hm²（表6-13）。

顾村公园用地平衡表 表6-13

序号	用地分类	用地面积（hm²）	百分比（%）
1	生态休憩、防护绿地	107.1	56.70
2	村镇居住、企业用地	46.3	24.51
3	水域	22.2	11.75
4	村镇道路用地	8.2	4.34
5	耕地	3.3	1.75
6	供水、电、燃气用地	1.2	0.64

序号	用地分类	用地面积（hm²）	百分比（%）
7	教育科研设计用地	0.6	0.32
	合计	188.9	100.00

2. 资源条件

上海市生态建设专项工程将顾村公园的建设总体定位为具备景观、生态、防护和防灾等综合功能的城市景观林带和郊野公园。由于原场地多为村镇企业、居住用地以及以苗圃形式建设的生态休憩和防护绿地，基地原地形平坦、景观层次单一、缺乏空间设计和公园所应具备的趣味性竖向空间等。基地内水网发达，主要包括干流河道、开阔水域、区域水网三大类，但各水系之间在功能上缺乏沟通，景观性和整体性均较差，且无法构成一条完整的公园水上游览路线。基地林网发达、植物郁闭度高，区域内已建的外环线100m宽的防护林带内植物生长繁茂、长势较好。原休憩绿地内生态景观优良，生态小环境已大致形成，但植被林冠线缺乏景观层次，且缺乏人文景观，功能较为单一，缺少活动功能区域。基地内的生态步道、防护绿地内的养护道路景观效果较好，但与其他区域的道路未成系统。

3. 规划设计

在设计上，顾村公园与城市公园有所不同。首先在尺度上，顾村镇主要是农田和村镇村办工厂，因此基本以农田和现有防护林带为基础进行公园的建设。其周边主要是工业区和保障住房用地。顾村所处位置历史上是城乡接合部，现在则位于核心城区的扩大范围之中。因此，该公园的服务对象主要是周边地区的居民，而其定位则辐射至长三角地区，但其并非商业项目，设计之初便是为了服务周边地区的居民。

公园总体规划共分2期，其中一期规划布局为："一轴、一带、三区、六园"（图6-18）。①一轴：公园大道景观发展轴，即陈富路公园景观发展轴。陈富路（原为村镇道路，出于其特殊的区位、历史以及地下管线众多等原因而予以保留，并作为新建公园的游园景观大道）。②一带：外环200m生态防护林带。③三区：为东、南、北3个入口配套服务区。东入口配套服务区包括宝山民间艺术展示区、东部入口景观区、配套服务区、紫薇半岛和机动车集散枢纽区等；北入口配套服务区结合地铁7号线出口和顾村公园所特有的郊野主题，创造

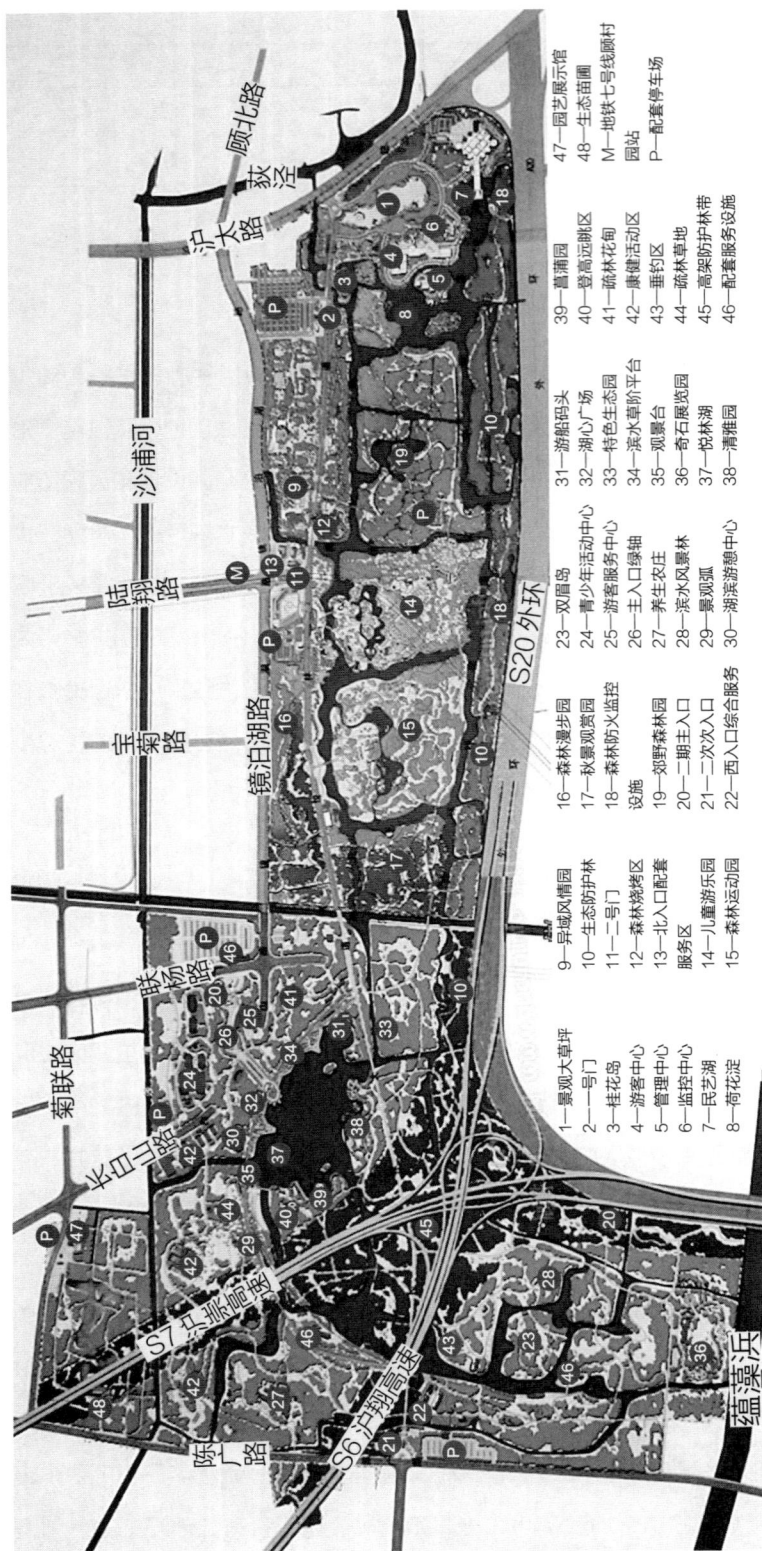

图 6-18　上海顾村郊野公园平面图
（图片来源：改绘自陈翰逸，《顾村公园规划设计》）

1—景观大草坪
2—一号门
3—桂花岛
4—游客中心
5—管理中心
6—监控中心
7—民艺湖
8—荷花淀

9—异域风情园
10—生态防护林
11—二号门
12—北入口配套服务区
13—北入口配套服务区
14—儿童游乐园
15—森林运动区

16—森林漫步园
17—秋景观赏园
18—森林防火监控设施
19—郊野森林园
20—二期主入口
21—二次次入口
22—西入口综合服务

23—双鹰岛
24—青少年活动中心
25—游客服务中心
26—主入口绿轴
27—养生农庄
28—滨水风景林
29—景观弧
30—湖滨游憩中心

31—游船码头
32—湖心广场
33—特色生态园
34—滨水草阶平台
35—观景台
36—奇石展览园
37—悦林湖
38—清雅园

39—昌浦园
40—登高远眺区
41—疏林花甸
42—康健活动区
43—垂钓区
44—疏林草地
45—高架防护林带
46—配套服务设施

47—园艺展示馆
48—生态苗圃
M—地铁七号线顾村园站
P—配套停车场

164　　　　　　　　　　　　　　　　　　　　　　　　　　　　　　郊野公园规划研究

独具特色的公园入口景观，同时设置小卖部、餐饮、停车等多种配套服务设施，增强公园的吸引力和服务能力；南入口配套服务区配置了服务性建筑，以缓解北部入口的交通压力，完善了整个顾村公园的交通系统。④六园：指六大子项主题园区，包括郊野森林园、异域风情园、森林漫步园、儿童公园、森林运动园、生态植物园。

公园二期的布局模式为"一轴、一弧、三园。"①一轴：延续了一期的陈富路公园景观发展轴。②一弧：从基地东北到西南的弧形主题林带，伴随曲折的艺术小径。③三园：为浏中湖景观园、果蔬采摘园以及森林养生园 3 个主要园区。

6.4.2 上海滨江森林公园

1. 基本情况

上海滨江森林公园，总占地面积达 300hm²，其中一期占地面积为 120hm²，二期占地面积约 184hm²。该公园原始基地为一座经营 20 年的三岔港苗圃，据《三岔港苗圃植物与植被调查报告》显示，现有乔木 95 种、灌木 62 种、草本植物 149 种、藤本植物 28 种。上海滨江森林公园一期种植各种乔灌木 20 万株，野生植被 204 种；二期种植了 3 万余株包括樱花、三角枫、纳塔栎、乌桕、银杏等在内的春花秋色乔灌木，拥有 30 万 m² 的花海（图 6-19）。

2. 规划设计

上海滨江森林公园是一处湿地类型的郊野公园，原苗圃西侧地势低洼，适宜打造湖泊型湿地。考虑到水杉、池杉生长良好的现状，结合功能需求，将该公园划分为湿地引鸟区和湿地观赏区。

（1）湿地引鸟区：在现有苗圃和林地的基础上，通过地形和水系改造，形成了 4 层植被功能结构。首先是 20~50cm 深的浅滩湿地水域，以满足鸟类的觅食、栖息和越夏需求，并在水体沿岸种植一些沉水植物和可食用的水生植物。其次是沿着鸟类飞翔方向一侧的水际岸边植被疏林，满足鸟类飞翔的净空要求。接着，在湿地边的小树林中种植蜜源植物和鸟嗜植物，为招引鸟类并为其提供食物。最后，外围沿主环线一侧以密林植被形成屏障，阻隔外界对引鸟区的干扰。

图 6-19　滨江森林公园
（图片来源：滨江森林公园）

（2）湿地观赏区：利用基地丰富的野生湿地植物资源，通过植物生态型的渐变特点，布置了木栈道、沿水岸的溪流步道和水中汀步等小品元素，串联起水体、滩地、湿地林、水生植物区和菖蒲植物区等景观，形成独具特色的湿地观赏区。

3. 设施布局

一个好的公园不仅要拥有自然景观，还需要提供娱乐和休闲的功能。因此，在公园设计中应考虑道路系统、游园系统以及各种必要的服务设施，如咖啡吧、茶室和餐厅等。同时，为了保证公园的安全和管理，公园中还设置了行政办公处、工人休息处、门卫等设施。这些设施的设置，既参考了国外的经验，又结合了上海本地的实际情况，借鉴城市公园的设计规范，并根据实际情况对公园进行了一定程度的扩展。例如，公园的面积、游客容量等，都是以城市公园的标准为基础进行考量的，但考虑到郊野公园与城市公园有着本质上的区别，因此在游客容量等方面可以适当放宽标准。经过实践验证，将游客容量放宽至 120 人 /m² 更适合当前土地紧张的情况。滨江森林公园建成后，得到了国内外同行的好评，但其离市中心区的距离仍然较远，交通便利性有待完善，以提高其通达性，吸引更多游客。

6.5 其他城市案例实践

6.5.1 晋城市丹河龙门湿地郊野公园

1. 基本概况

丹河龙门湿地位于山西省晋城市东郊丹河沿岸，位于泽州县金村镇水东村村南，距离市区 6 公里。公园范围北至规划陵沁路，南接龙门水库，西至滨河西路、珏山路，东临滨河东路及重要山体景观界面。公园用地南北长条形展开，南北长 4188m，东西最宽 1371m，最窄 260m，占地面积 3km²。规划范围与晋城市金村片区相邻，东西两岸的扩展区边界包括水北村南侧堡坎、多条自然冲沟、重要山体景观界面、人工湿地一二三期、北石店河河口地带等。

2. 资源条件

丹河目前的生态资源情况基本代表了我国大部分北方河流的环境现状，主要表现在 4 个方面：①有河无水。由于上游任庄水库的拦蓄，丹河大部分时间无水，只有一条有可能出现水流的河床。且由于地下水严重超采，水位逐年下降，水量主要由河道两侧不定期的工业、农业污水和生活废水以及自然降雨进行补水，河水流动已无规律性。②河床脆弱，有严峻的防洪防涝压力。现状河道主槽不明显，两岸居民生活污水、生产生活垃圾均直接排入丹河，河道内污水横流，严重污染丹河地表水体；大部分河段内苗圃、农田侵占河道现象严重；部分河段河道束窄严重，仅留有较小的过水断面，不能满足行洪要求。③多污染源。丹河已无或基本上已无清水基流量，沿岸的工厂、医院、农场生活污水、生活垃圾、农业面源污染，导致丹河重金属含量、氨氮含量、COD 含量超标，水质呈劣五类。④生态格局几近消失。湿地公园现状以农业用地为主，乔木植被稀少，植物种类单一。流域水面面积大幅缩减 80%，早已不见"林木繁盛，水出丹林"的往日胜景（图 6-20）。

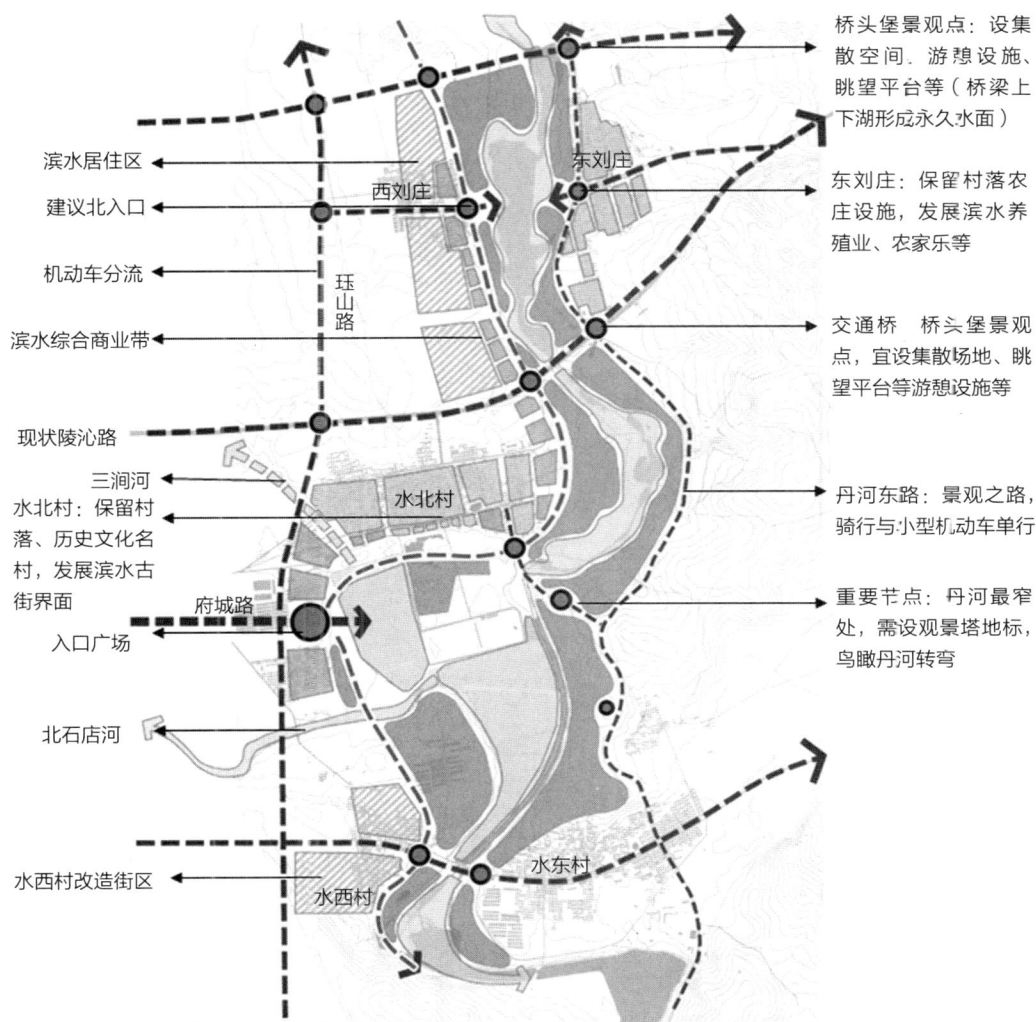

桥头堡景观点：设集散空间，游憩设施、眺望平台等（桥梁上下湖形应永久水面）

滨水居住区

建议北入口

东刘庄

东刘庄：保留村落农庄设施，发展滨水养殖业、农家乐等

西刘庄

机动车分流

珏山路

滨水综合商业带

交通桥 桥头堡景观点，宜设集散场地、眺望平台等游憩设施等

现状陵沁路

三涧河

水北村

水北村：保留村落、历史文化名村，发展滨水古街界面

丹河东路：景观之路，骑行与小型机动车单行

府城路

重要节点：丹河最窄处，需设观景塔地标，鸟瞰丹河转弯

入口广场

北石店河

水西村改造街区

水西村

水东村

图 6-20　丹河龙门湿地郊野公园场地分析图

3.规划设计

　　园区定义为具有生态防护、生态教育、美学价值、人文和休闲游憩等复合功能的大型湿地公园。规划的基础是留白，应考虑湿地郊野公园建设的各种限定条件并规避之，才能顺应自然情势，形成长期稳定的湿地公园环境，控制风险，降低维护成本。规划的亮点则是发挥有利因素，在适宜建设的环境条件中尽可能创造优良景观，安排适宜的功能（图 6-21）。

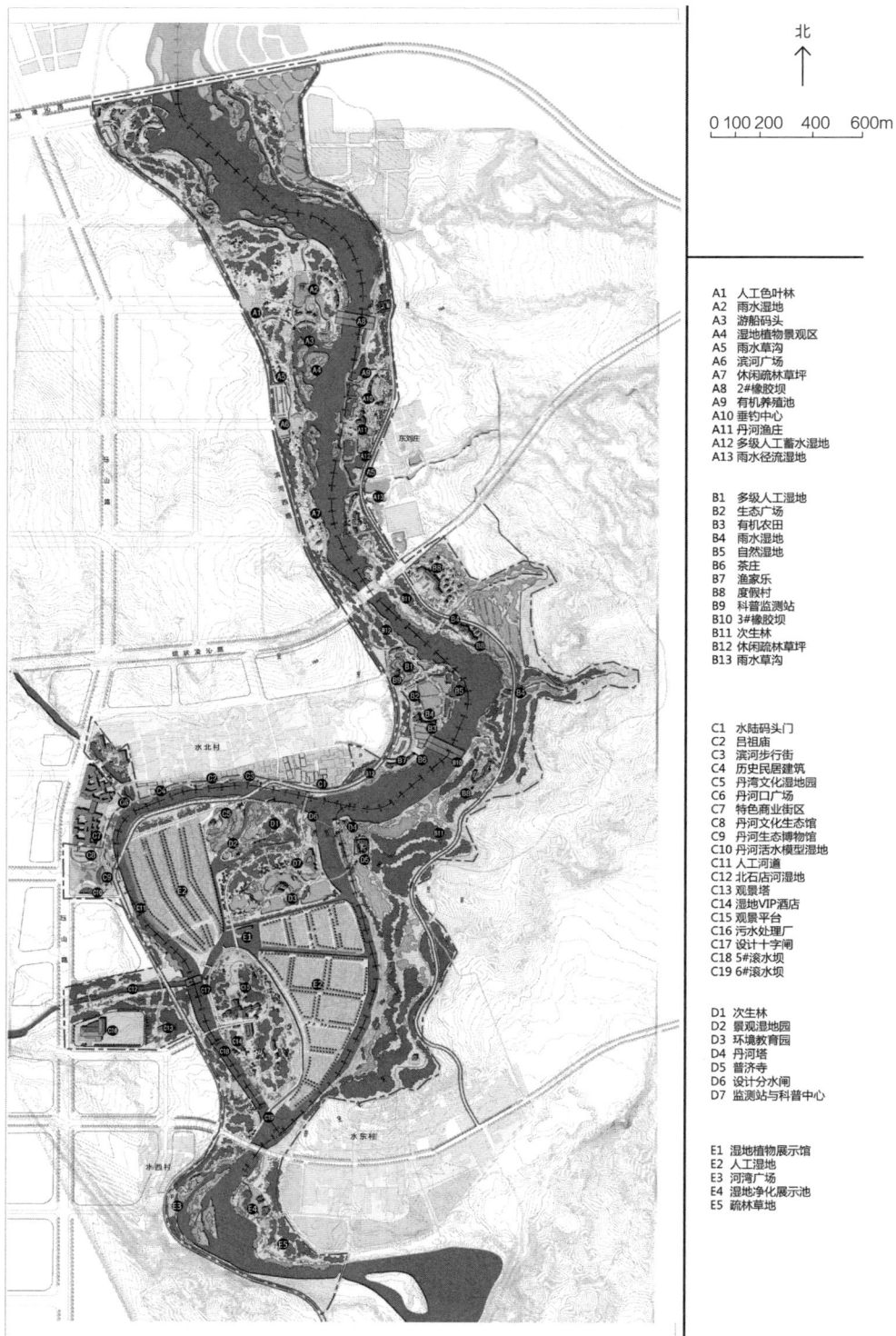

北

0 100 200 400 600m

A1 人工色叶林
A2 雨水湿地
A3 游船码头
A4 湿地植物景观区
A5 雨水草沟
A6 滨河广场
A7 休闲疏林草坪
A8 2#橡胶坝
A9 有机养殖池
A10 垂钓中心
A11 丹河渔庄
A12 多级人工蓄水湿地
A13 雨水径流湿地

B1 多级人工湿地
B2 生态广场
B3 有机农田
B4 雨水湿地
B5 自然湿地
B6 茶庄
B7 渔家乐
B8 度假村
B9 科普监测站
B10 3#橡胶坝
B11 次生林
B12 休闲疏林草坪
B13 雨水草沟

C1 水陆码头门
C2 吕祖庙
C3 滨河步行街
C4 历史民居建筑
C5 丹湾文化湿地园
C6 丹河口广场
C7 特色商业街区
C8 丹河文化生态馆
C9 丹河生态博物馆
C10 丹河活水模型湿地
C11 人工河道
C12 北石店河湿地
C13 观景塔
C14 湿地VIP酒店
C15 观景平台
C16 污水处理厂
C17 设计十字闸
C18 5#滚水坝
C19 6#滚水坝

D1 次生林
D2 景观湿地园
D3 环境教育园
D4 丹河塔
D5 普济寺
D6 设计分水闸
D7 监测站与科普中心

E1 湿地植物展示馆
E2 人工湿地
E3 河湾广场
E4 湿地净化展示池
E5 疏林草地

图6-21 丹河龙门湿地郊野公园总平面图

公园总体布局结合现状及周边、山水格局、水环境恢复等情况，根据各段资源特色，规划为 5 个主体功能区：风景游赏区、田园景观区、文化休闲区、环境教育区、人工湿地区。风景游赏区：依托公园最宽阔、坡度最缓的河道区域，恢复两岸自然生态湿地景观，修建滨水游览步道和栈道，建设配套的休闲游憩设施，形成湿地风光观赏和游玩体验相结合的风景游赏片区。本区面积共计 65hm²，规划广场 3 处、停车场 3 处、游船码头 1 处；综合管理服务中心位于主要广场一侧，其他餐饮、商业等设施根据景区功能布设。田园景观区：在水北村东侧现状梯田与河道结合处，利用多级人工湿地对公园周边的废水进行处理和再利用，再生水将应用于公园灌溉和河流补给。同时开放式生态草沟和雨水湿地在满足蓄洪功能的同时，也可形成地表径流的生态系统。该片区面积共计 70hm²，规划停车场 2 处，将形成具有自循环机制的有机农田湿地系统。文化休闲区：结合水北村临水面湾的独特区位、画卷式东西延展的村落界面以及特色堡坎立面，通过河道湿地景观提升、文化内涵注入和休闲商业设施建设，将公园中部建成集"观水、憩岸、拜庙、游村"为一体的文化休闲片区。本区共计 110hm²，规划大型广场 1 处、停车场 1 处。环境教育区：通过生境改良、水系沟通等方式，恢复到原生态生境湿地状态，结合自然的水塘、河流和沼泽湿地景观，向游客展示自然湿地的结构和功能特征。本区共计 20hm²。人工湿地区：结合现状人工垂直流湿地展现通过人工干预的方式净化污水的人工湿地系统。本区共计 35hm²，规划广场 1 处、停车场 1 处。

设施布局包括：入口共 7 处，其中主入口 3 处，次入口 4 处，主要布置在丹河西侧以及与公园与晋城新区的衔接处，以加强公园与晋城新区的联系。广场共设置 5 处，总面积约 12600m²。广场通常布置在公园入口处并配置有停车场，要具有接待一定数目游客的能力。停车场共 6 处，约配置 1100 个停车位，在需要时可在适当位置增设临时停车位，建设时应避免大量使用硬质铺装，加强绿化和透水材料使用，使铺装融入自然环境，形成生态型停车场。根据景区内景点分布状况和观赏需求，规划各景区的步行道系统，丰富游人的游赏活动，满足游人对各种类型游赏方式的需求。公园内的步行道路分为滨水游览为主的公园园路和登山赏景为主的游步道及其近距离观赏湿地植物的木栈道。在主要游览区共设观景平台 24 处，每个面积 200～400m²，水头村南侧可布置咖啡座等休闲设施，其余处可适当放置座椅等供游人游览休憩的设施。航道站点分设码头和临时停靠点两级，码头主要设置在公园主入口附近及较宽阔水面处，共 4 处；在景观视野较好，且在不影响主航道运行的地点设置临时停靠点，供游人短暂停留之用，共 3 处。

6.5.2 海宁市蚕桑丝织文化遗产生态园

1. 基本概况

2009 年 9 月 30 日在阿联酋首都阿布扎比召开的联合国教科文组织保护非物质文化遗产政府间委员会会议决定，"中国蚕桑丝织技艺"入选《人类非物质文化遗产代表作名录》。此项目是由浙江、江苏、四川等三省文化行政部门联合行动，由中国丝绸博物馆牵头向联合国教科文组织申报，并向联合国教科文组织承诺建立"中国蚕桑丝织技艺"相关的保护区。海宁所在的两江一湖地域（长江、钱塘江、太湖）向来为我国经济文化发达地区之一，尤其是宋都南迁以来，此区域更是成为中国文化和经济中心，不仅在包括蚕桑丝织在内的众多领域具有全国代表性和典型意义，而且在长期的历史发展过程中与地域环境相结合，区域内形成了鲜明的地域特色。

为了更好地传承和发扬蚕桑丝织文化和技艺，保护文化遗产，发展文化产业与旅游业，2011 年 2 月，海宁市政府与中国丝绸博物馆商议，依据海宁的城市发展宗旨和海宁的蚕桑资源优势，决定在海宁共同建设中国蚕桑丝织文化遗产生态园（简称"中丝生态园"）。中丝生态园位于海宁市近郊钱塘江北岸，盐官古镇以东 3km，北至沿江大道，南接钱塘江，西到红江三号桥北延伸路，东临褚家洋河。项目基地紧邻钱塘江，现祝会村所在，亦为历史上"九里桑园"所在地。可供选择的用地实测面积 3.8km²，因首批用地指标限定，围绕先期启动的场馆区，形成接近 2km² 的中心园区；外围则为风貌协调区，形成连续的规模化的生产性桑园；西侧在项目地与祝会新社区之间，严格控制建设强度与风貌，作为园区与城镇区之间的缓冲和过渡。

2. 资源条件

选取祝会村作为中丝生态园的项目启动区。祝会村是海宁蚕桑养殖名村，从村落历史、环境条件、桑园面积、传统建筑和村民意愿等方面，是蚕桑特色村落的典型代表。村落中的民居建筑组合因地制宜，根据实际的环境和资源条件，院落大小分合，房屋前后错落。这里的很多老房子，当年为了养蚕时通风和遮阴，形成高屋顶和大屋檐，是传统生产、生活带来的典型特征。项目重点修复传统村落中的宗祠、大树、水塘、水口等公共活动场所，梳理自然元素以及村落边界，形成一个准活态的生态博物馆。村民依然在其中生产生活，保持蚕桑习俗，通过生态化、村落化、聚落化的博物馆重塑空间生态伦理（图 6-22）。

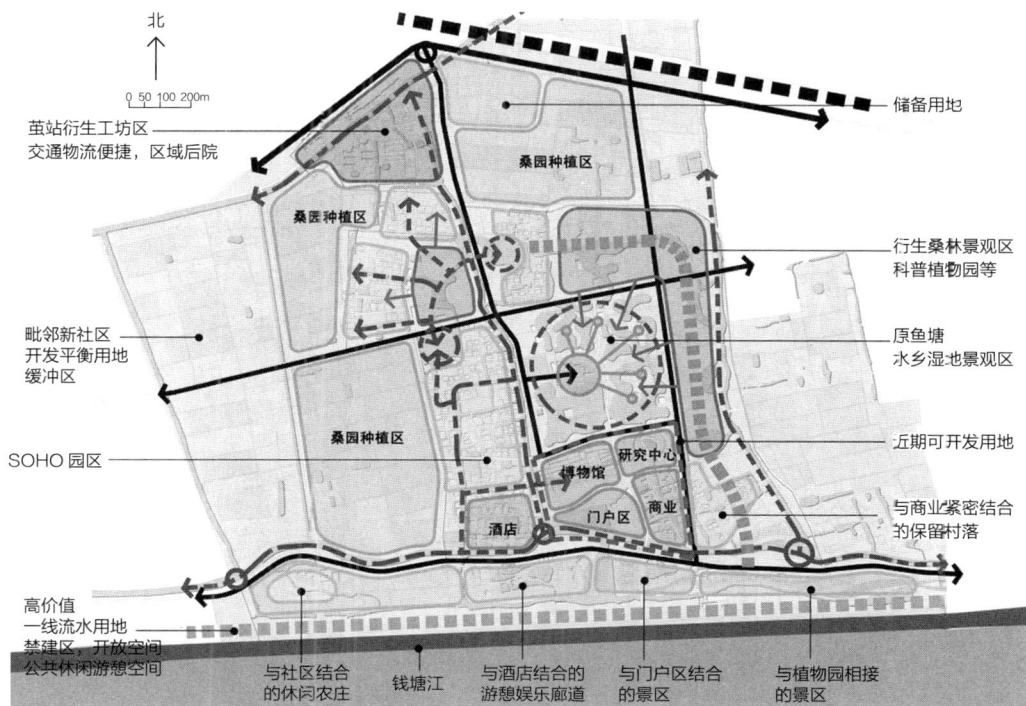

图6-22 中丝生态园场地分析图

3. 规划设计

空间结构包括外、中、内三层空间。内层：核心园区，包括先期启动的场馆区、商业区和门户区等，是整个园区的共享中心，功能高度集成与混合；中层：被核心园区外的是若干衍生功能园区，沿不同功能轴带发展；外层：风貌协调区，为连续的桑园种植区，保持原生态郊野田园风貌（图6-23）。

依托蚕桑丝织文化和江南水乡田园风光，借力千年古镇、观潮胜地的品牌吸引力，打造集文化传承、主题体验、生态休闲、商业娱乐、创意研发于一体的中国蚕桑丝织文化遗产承载地和郊野游憩区。根据中丝文化生态园的整体定位，规划如下4个功能：①蚕桑丝织技艺等非物质文化遗产的保护、传承与展示功能；②丝绸服饰文化创意产业集聚功能；③临都市休闲郊野游憩功能；④生态农业生产功能。

中丝生态园功能分区包括：

（1）门景区：近～中期的主要门户区，接纳百里长廊东西两侧客流的主要入口，也是外埠客流从盐官出口近抵园区的门户。未来沿江大道转型为景观路，对交通流量限控以后，则本门景区内化为桑都丝府和沧海桑田景区之间的一个过渡衔接性次级景区。该区面积约

图6-23　中丝生态园总平面图

5hm²，是标识性极强的开放园区，也是游客的第一印象区，要充分体现园区的文化内涵和形象，彰显蚕桑丝织文化生态的特质与性格，同时本区也是入口集散空间，应具有组织潮汐式客流的观览、换乘、分流等功能。

（2）桑都丝府：紧邻门景区的综合性园区，为最重要的核心区，集成度最高、建设量最大、非物质遗产文化容量最大，能够全系列、多功能展开文化体验、保护、研究并衍生商业，是整个园区的心脏区。包括非遗文化保护—展示—研究、高端商务接待、衍生商业三大功能。

（3）创意公社：容纳传统丝织手工艺品的研究、创作、制造、会商、交流、休闲等综合功能业态的乡村社区，是以文化创意为主的 SOHO 园区，面向业内顶级传统丝织工艺传承大师，包括蜀锦、云锦等高端手工丝织奢侈品的创意研发团队，以及国际交流机构及其派驻团队等。

（4）九里桑园：位于园区东南隅，继承原乡九里桑园文脉，是进行蚕桑种植养殖业产业链升级、研发，并针对青少年人群开展生态和科普教育的专门园区。本园区服务于周边特种蚕桑养殖，兼具农事观光体验的生态蚕业农场。

（5）乡村总部：面向蚕桑丝绸相关企业，集高端企业会务、生态景观、餐饮、健身、SPA、娱乐于一体的企业休闲商务园区，为企业高层的精英圈层建立私密专属圈域。

（6）锦绣工坊：区别于大师 SOHO 园区的高端路线，主要面向大众游客，为以民间艺人为主体，以中国蚕桑丝织技艺的传承、弘扬和振兴为目的的蚕桑相关工艺品作坊生产区。以移建的茧站、蚕种场、厂房等老建筑为主，周边预留发展空间，需求增加时可再扩展。

（7）万桑花木：以蚕桑及纺织、印染等相关植物为主要品种进行观赏植物园设计。结合蚕桑和纺织历史、发展以及植物特性等进行综合性展示和介绍。为前来园区观光的游客提供良好的主题科普及休闲体验的场所。

（8）水乡丝路（江南水乡非遗博览园区）：以展现江南水乡非物质文化遗产为主题的专业展览园区，其主要功能是收藏、研究、展示和宣传具有江南水乡特色的传统手工艺、民间艺术、曲艺、社会习俗等非物质文化遗产项目，为记录、宣传和发扬江南水乡文化作出重要贡献。

（9）沧海桑田（滨江运动休闲公园）：利用翁金公路（老 01 省道）以南原有桑园、农田等自然基底，建设滨江运动休闲公园。以桑园休闲和户外运动为主要内容，提供包括休闲农庄、体育运动、垂钓、露营、烧烤等活动设施。

6.5.3　东营市森林郊野公园

1. 基本概况

东营市森林郊野公园位于东营市广利河中段，总面积 24km²，生态容量巨大，环境多样，品质优良，保存完好，是东营城市生态系统的心脏，集成了湿地森林、健康生活、生态三大基本面，是东营市的生态片区形成，大型综合森林郊野公园。

2. 资源条件

东营市地处海潮浸渍和海陆交替沉积的黄河三角洲地区，浅层地下 300 ~ 500m 之内基本无淡水，绝大部分地区为全咸区，全区地下水平均埋深 1.5 ~ 3m，与地面坡降一致。由于地下水埋深浅、矿化度高，造成全区盐渍化面积大，地下水含盐量高，场地内现状水体受地下水影响盐碱度较高。森林郊野公园项目位于东营市中心城南部，用地范围内现状有东营市植物园、动物园、耿井水库及其沉砂池、揽翠湖风景区、东营区森林乐园等区块。其他地块内还分布有大面积的林地、耕地等用地。

3. 规划设计

最大限度地顺应现状要素，以扇形花瓣水系为母题，六大分支拉动全园景观。西部与东部园区相对独立，重点处理中部与南、北部四大园区的一体化，强化其与东西园区的交通、景观、功能联系（图6-24、图6-25）。

（1）洲——三角洲大地景观区

位置现状：位于规划区正北，现状为小型集中水面和岛屿。

规划构思：三角洲大地景观湿地纪念园。以三角洲冲积扇为母题原形塑造大地景观，同时，每一个绿洲岛分支作为一个世界级三角洲的科普园，并以当地民宿形态为原形建立相应的露天科普场馆与小型生态馆。岛间以木栈道为连接，另一岸沙滩上设置观景高台。

规模：占地53hm²。

（2）湖——中心湖及环湖滨水区

位置现状：位于规划区西北角，现状为耿井水库区域。

规划构思：耿井水库改造成的城市中心湖，湖区与岸线生态恢复后，环绕湖区形成连续的滨水游憩带，根据不同岸段的城区或郊野功能设置不同项目。

规模：占地537hm²。

（3）田——湿地林田体验区（湿地产业综合体）

位置现状：规划区的西南片区为已建森林乐园+废弃沉砂池+农田耕作区+红酒庄园。

规划构思：本区总体上适合作为高效湿地生态产业的聚集区。规划将围绕河口湿地的生态产业链，集合生产、研发、培训，并延续一三产融合发展模式，发展展示、体验、观光、休闲度假等衍生功能。

规模：占地443hm²。

（4）沼——湿地生态科普区

规划构思：现有2号沉砂池改造成湿地保护区，以湿地涵养、保护、科普、教育、生态游憩等为主要功能。围绕湖区可以有不同岸段的差异功能。外围衍生地区可以附带部分湿地养生休闲。

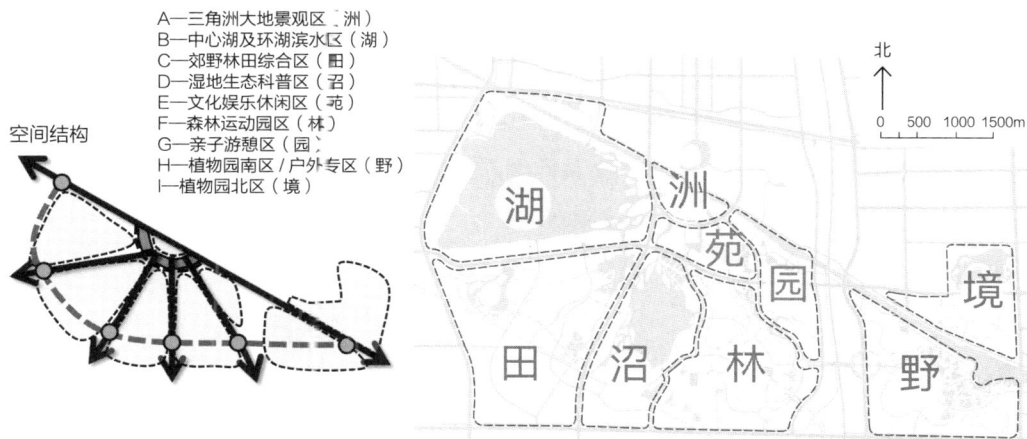

A—三角洲大地景观区（洲）
B—中心湖及环湖滨水区（湖）
C—郊野林田综合区（田）
D—湿地生态科普区（沼）
E—文化娱乐休闲区（苑）
F—森林运动园区（林）
G—亲子游憩区（园）
H—植物园南区／户外专区（野）
I—植物园北区（境）

空间结构

北

0 500 1000 1500m

湖　洲
　　苑
　　园　境
田　沼　林　野

图 6-24　东营市森林郊野公园功能分区图

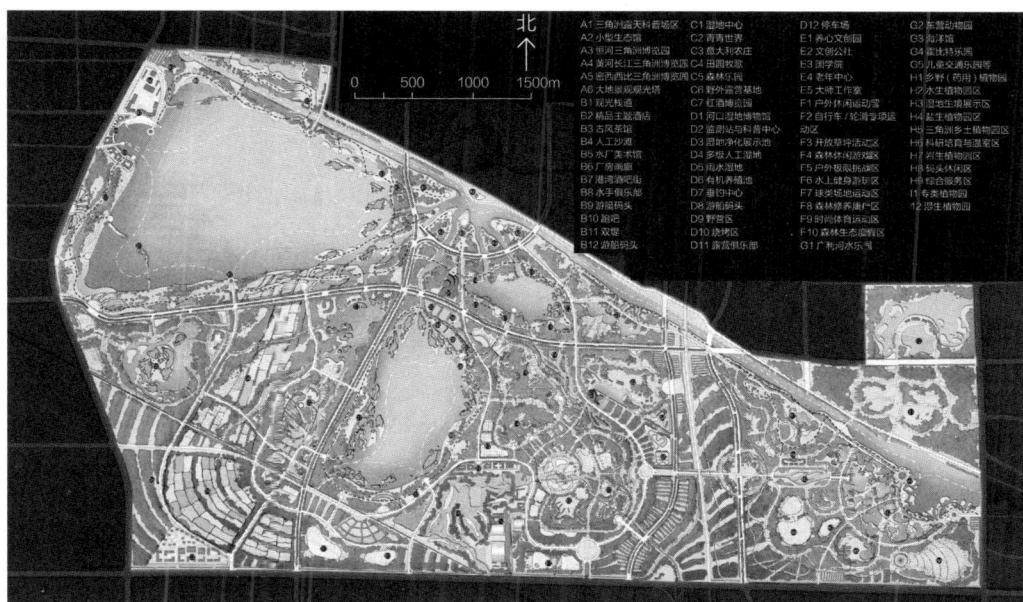

图 6-25　东营市森林郊野公园总平面图

规模：占地 243hm²。

（5）苑——文化娱乐休闲区

规划构思：规划区北片区为已建揽翠湖湿地公园，依托揽翠湖湿地公园的整体生态环境，建设以生态人文休闲为主题，集合生态展示、文创、研发、培训等功能，发展展示、体验、观光、休闲度假等湿地衍生项目。

规模：占地 78hm²。

（6）林——森林运动公园

位置现状：位于规划区的中部，原为苗圃、揽翠湖度假区所在地。

规划构思：利用场地内良好的植被条件进行环境梳理，建设以休闲运动为主要内容的景观片区。主要建设设施包括自行车休闲骑行系统、各种休闲运动场地与设施、康疗休养设施等。

规模：占地 298hm²。

（7）园——亲子游憩区

规划构思：依托现有东营动物园客源基础，以及连接东西的便捷交通区位，该地块适宜发展家庭游乐项目，融合游览、娱乐、体验、培训等多种功能于一体，聚焦东营并辐射周边客源市场，集中打造一站式亲子游乐体验区。

规模：占地 109hm²。

（8）野——植物园南区（野）与静——植物园北区（境）

位置现状：位于规划区的东部，为东营市植物园规划范围。

规划构思：以东营市以及黄河三角洲乡土植物与生境种植、展示为主要内容，重点选用三角洲乡土植物、盐碱地植物、湿地沼泽花卉灌木、岩生植物、药用植物等。结合植物种植与科普展示，开展与植被环境相适应的户外休闲、运动等活动，包括野外生存训练、动植物科普、户外拓展、攀岩、露营、烧烤、骑马等活动。

规模：占地 515hm²。

6.5.4　威海市东部滨海森林郊野公园

1. 基本概况

威海为世界人居范例城市，城市东部滨海森林郊野公园是滨海新城的重点发展区域，承担引领小威海到大威海的空间结构跨越作用。森林郊野公园涉及威海东部滨海新城范围内五渚河流域、逍遥河流域、石家河流域及环海路沿海、沿防护林带，面积约 40km²。充分考虑与城市关系，公园研究扩展至整个东部滨海带，森林郊野公园代表着新威海的总体形象。

2. 资源条件

郊野公园的海岸属于一级景观岸段,是威海市海岸带景观及旅游资源的精华,在国内、省内都具有较高的知名度和影响力。威海一级景观岸段大多已开发,规划区拥有的 14km 海岸线均属优质景观岸段,且腹地较深。现状包括入海河流湿地、沙质岸线、鱼塘、滩涂、黑松林及部分建设用地。

3. 规划设计

利用生态景观绿带及组团绿化隔离带保持城市可持续发展。城市各组团间以山林、绿地和公园进行隔离。城市的各组团内部空间结构以"山脉、海脉、绿脉"为基本生态要素,形成高品质生活环境。维护和加强绿色廊道的景观效果,对线性绿地重点控制和引导。威海为带形城市,横向交通压力过大,应强化组团布局结构,组团之间需要大的绿地生态绿楔廊道,借助河流来实现。

功能布局将根据每个区段的现状资源,从左往右依次为山地郊野公园、湖泊郊野公园、海滩森林郊野公园、河口湿地郊野公园、森林探秘郊野公园。

山地郊野公园:将优美的海岸景观、生态林地与户外功能结合在一起,同时配套郊野服务设施。其中有专为徒步爱好者设计的步道、为山地自行车设计的骑行路线,有明确的标识和指引,确保游客能安全地穿越山林,且有难度不同的选项。同时配备自行车租赁服务,方便游客体验。设立自然教育中心或生态展览馆,展示山地生态、动植物知识等。举办科普讲座、工作坊等活动,提升游客的自然保护意识。

湖泊郊野公园:将商业娱乐功能与逍遥湖公园有机结合,构筑东部滨海新城的活力之源。围绕湖泊设置步行道,方便游客漫步、跑步、骑行以及欣赏湖光山色。观景平台设置在湖边或高处,供游客远眺湖面和周边景色,亦是拍照留念的好地方。建设文化展览馆展示威海的历史文化、民俗风情和艺术作品,提升游客的文化素养。设立餐饮区,提供特色小吃、饮品等,满足游客的饮食需求。设置购物点,出售当地特色商品和纪念品。

海滩森林郊野公园:依托"海滩+森林"的资源组合设置康体养生功能,成为现代都市人远离喧嚣,找寻自我的心灵家园。设置沙滩排球、沙滩足球等运动场地,提供丰富的运动体验。配备休闲座椅、遮阳伞等设施,供游客休息和聊天。提供停车场、公交站点等交通设施,方便游客自驾或乘坐公共交通前来。同时考虑设置观光车等交通工具,为游客提供便捷的游览服务。

河口湿地郊野公园：意在追寻湿地的历史、展现湿地演变与价值，感受海岸渔乡、港湾渔兴的地域文化，营造未来湿地与景观，探寻生命的归宿。河口湿地郊野公园内精心规划了一条生态演替走廊，它不仅连接了多样化的湿地生态系统，还成为自然生态过程展示的生动课堂。公园内设有湿地科普中心，通过互动展览和教育活动，向公众普及湿地保护知识。此外，湿地生态营地和湿地户外俱乐部为游客提供了亲近自然、体验湿地魅力的独特机会，无论是进行生态探险还是参与户外拓展，游客都能在这里找到属于自己的乐趣。

森林探秘郊野公园：保持和强化林木密布的现状原生态格局，重点开发林间探秘、户外徒步等森林生态旅游线路。森林科普基地不仅是一个学习自然知识、探索生态奥秘的绝佳场所，它还巧妙地融入了林间架空栈道，让游客在漫步中近距离观察森林的每一处细节。

6.5.5　呼和浩特市大青山前坡郊野公园带

1. 基本概况

呼和浩特市位于内蒙古自治区中部，地处阴山山脉中段大青山脚下的土默川平原，蒙古语意为"青色的城"。大青山与呼和浩特城市一直相伴相生，大青山与城市历史上的孕育、发展、兴盛密不可分，更是保障城市未来进一步转型提升的重要生态保障与绿色空间。大青山山前地区分布着 G6 高速公路、G110 国道等多条区域性交通通道，是呼和浩特联系京津冀与自治区内主要城市的重要交通走廊，沿线还分布着大量旅游景区、特色村镇、文化景观，形成了独具特色的山前生态休闲旅游带。山前地区同时还处于大青山与呼和浩特城区的过渡地区，是将山城有机联系在一起的绿色纽带。大青山前坡郊野公园带总规划面积约400km^2（图 6-26 ～ 图 6-28）。

2. 资源条件

大青山是阴山山地中山地森林—灌丛—草原镶嵌景观最为完好的一部分，是阴山山地生物多样性最集中的区域。哈拉沁河、乌素图河、扎达盖河、哈拉更河等多条河流自北向南流经场地，顺流而下滋润山前地区，形成了以大青山为背景，林地、田地、草地交错分布，丰富变化的自然景观。1980 年代之前，大青山前坡地区仍以农田、草原、村落为主。此后，随着城市社会经济的发展，城市建设逐渐向山前蔓延，村镇规模不断膨胀，局部地区已呈现

图 6-26　大青山前坡郊野公园芳水系图

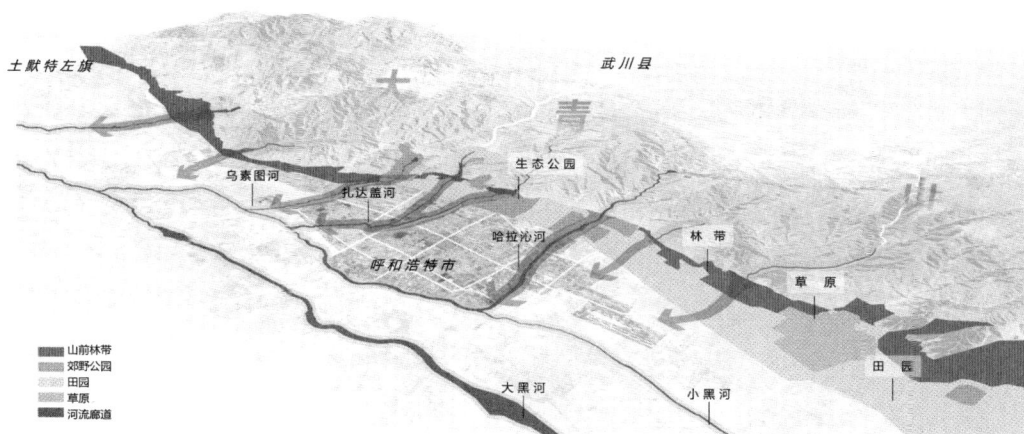

图 6-27　大青山前坡郊野公园带概念分析图

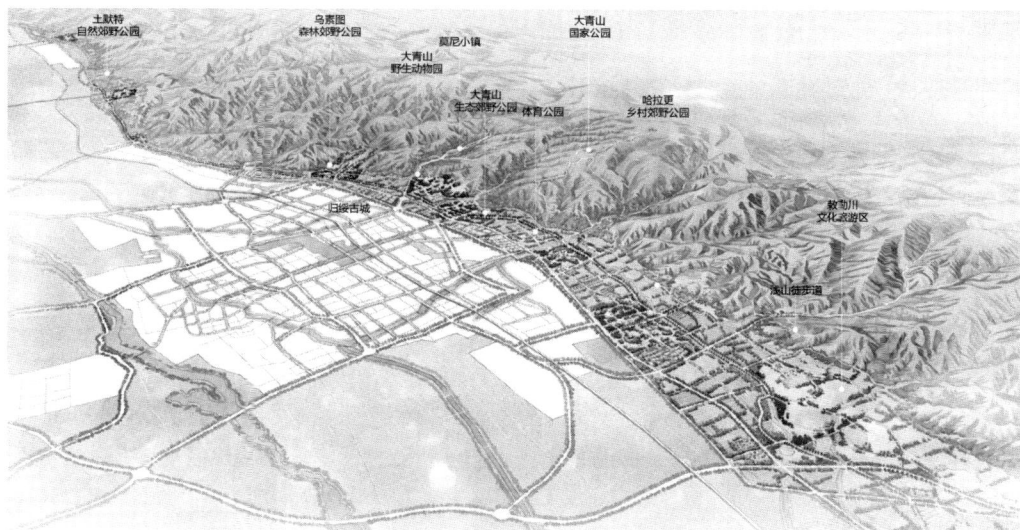

图 6-28　大青山前坡郊野公园带规划总图

出连片发展的趋势，山前自然与农业空间遭到了严重侵蚀。此外，历史上曾经出现的挖沙、采石、伐木等活动，也给局部地区造成了一定的破坏。大青山前坡地区现状除大量村镇建设用地外，还滞留着驾校、工厂等部分不符合总体规划定位的用地类型，侵占了宝贵的城市生态空间与绿色空间，有待进行疏解腾退与转型提升。2018年11月，呼和浩特市为了保护大青山前坡生态环境，合理开发利用大青山前坡资源，制定了《大青山前坡生态保护条例》。

3. 规划设计

（1）总体布局

结合生态修复与搬迁腾退，改造提升与新增各类生态公园、自然公园、建设风景道、徒步道，为呼和浩特与周边地区居民提供贴近自然、开阔舒朗的绿色空间，满足人们日益增长的对于郊野游憩、体育运动、徒步健身、生态休闲的需求，建设中国北疆最具特色的郊野公园带。依托现状基础，形成风景旅游路、慢行游览路、浅山徒步路三条贯穿山前地区、功能各异的东西向通道，整合连接山前文化旅游、生态休闲组团，提供独特的风景游憩体验。依托河流廊道与现状道路，打通山前地区连接呼和浩特城区、衔接区域交通节点的南北向游览交通通道，方便游客快速便捷地抵达山前地区。

（2）功能分区

大青山生态郊野公园：现状区域内有大青山野生动物园、哈拉沁生态公园、沙坑公园等城市公园，以及学校、体育场馆、村庄和部分军事用地。现状整体建设强度较高，城市化倾向明显，景观风貌以较高密度的乡村和耕地为主。针对大青山毗邻中心城区的山前地区，整合提升现状野生动物园、哈拉沁生态公园、北方足球训练中心等公园与设施，进一步丰富拓展，建设包括生态休闲、体育运动、儿童游憩等丰富功能的大型郊野生态公园，并承担未来大青山国家公园入口展示区的重要功能。

乌素图森林郊野公园：现状为典型的沟谷地形，沟谷内建有乌素图水库，沟谷内与谷口分布着乌素图村等居民点，村落周边种植了大量以杏树为主的经济林木，春季杏花缤纷，极具特色。乌素图村西北侧是呼和浩特著名的八小召之一——乌素图召；坝子口村东侧为北魏时期的白道子古城遗址，具有较高的历史价值。规划拓展提升现状乌素图森林公园，恢复山体森林植被，保护展示乌素图召、白道子古城历史遗迹，提升乌素图村旅游功能品质，建设城市近郊，以森林休闲、乡村休闲、文化体验为主要功能的生态文化休闲区。

哈拉更乡村郊野公园：现状区域主要为村庄和耕地，乡村田园风光良好，部分区域已经完成退耕还林，形成了生态林带。区域内与农业相关的采摘、观光休闲产业初具规模。区域内有哈拉更村、乌兰不浪村、讨思浩村等村庄，西北部为现状工业园区，此外还有部分学校和军事用地。规划保留现状田园风光与乡村特质，积极发展观光农业、文化休闲、乡村民宿等产业，以及特色林果（大接杏、葡萄）种植加工业，在大青山脚下建设城市近郊独具魅力的乡村休闲区。

脑包山遗址郊野公园：大窑遗址公园区中央区域为脑包山，沿脑包山山脚散布着村落和耕地，脑包山北部区域为沟壑纵横的黄土地质景观，西北部区域有赵长城遗址和大窑遗址。大窑遗址为全国重点文物保护单位，其发现证明了内蒙古阴山地带曾有远古人类活动，是中华民族远古文明的发祥地之一。规划严格保护大窑遗址和赵长城遗址，结合脑包山自然环境，建设以文物保护、考古研究、文化展示为主要功能的考古遗址公园，展现呼和浩特历史文化，远眺大青山与呼和浩特城区。

土默特自然郊野公园：现状沿大青山山麓主要为村庄和耕地，沿 G6 国道两侧耕地大部分已经退耕还林或转为种植经济林木。现状分布有上达赖、五一水库、白石沟景区等数个自然景区，自然景观资源丰富，生态禀赋较好，游览活动初具规模。结合大青山山前土默特左旗段自然景观，依托现状林地，以及上达赖、白石头沟等景区，打造以林果种植、生态休闲为主要功能的自然风景区，为呼和浩特居民提供优质生态产品。

参考文献

[1]　香港旅游发展局 . 玩乐指南 [EB/OL][2024-10-10]. http：//www.discoverhongkong.cn/china/explore/great-outdoor.html.

[2]　香港渔农自然署 . 郊野公园及特别地区 [EB/OL]. http：//www.afcd.gov.hk/tc_chi/country/cou_lea/cou_cpsa.html.

[3]　杨家明 . 郊野三十年 [M]. 香港：天地图书有限公司，2007.

[4]　王富海 . 从规划体系到规划制度——深圳城市规划历程剖析 [J]. 城市规划，2000，24（1）：29-33.

[5]　赖燕玲，王晓明，廖文波 . 深圳马峦山郊野公园生态环境综合评价 [J]. 中国园林，2005（10）：69-72.

[6]　深圳市发展和改革委员会 . 深圳市历次五年规划汇编：1981—2020 [M]. 深圳：海天出版社，2017.

[7]　郭竹梅，徐波，钟继涛 . 对北京绿化隔离地区"公园环"规划建设的思考 [J]. 北京园林，2009（4）：7-11.

[8]　陈美兰 . 北京郊野公园建设发展研究 [D]. 北京：北京林业大学，2008.

[9]　贾建中，唐进群，范善华，等 . 城镇绿地生态构建和管控关键技术研究与示范 [J]. 建设科技，2016（7）：26-28.

[10]　吴国强，余思澄，王振健 . 上海城市环城绿带规划开发理念初探 [J]. 城市规划 .2001（4）：74-75.

[11]　任梦非，朱祥明 . 上海滨江森林公园规划设计研究 [J]. 中国园林 .2007，23（1）：21-27.

[12]　陈翰逸 . 顾村公园规划设计 [J]. 上海建设科技，2010（2）：34-39.

[13]　叶常镜，陈德华，蒋华平，等 . 绿色马峦山生态健康游——马峦山郊野公园规划设计 [J]. 风景园林，2007（1）：98-105.

[14]　上海市规划和国土资源管理局，上海市城市规划设计研究院 . 上海郊野公园规划探索和实践 [M]. 上海：同济大学出版社，2015.

[15]　李雄，李方正，王鑫 . 思考·探索·创造 郊野公园发展与营造策略研究 [M]. 北京：中国建筑工业出版社，2022.

[16]　崔曦 . 香港郊野公园面面观 [J]. 园林，2016（12）：27-31.

后 记

　　本书中的郊野公园案例来自于香港渔农与自然护理署、中国城市规划设计研究院、深圳北林苑景观设计公司、上海园林设计院、北京景观园林设计有限公司、中国风景园林规划设计研究中心、北京东方畅想景观设计公司、北京创新景观设计公司、北京市园林古建设计研究院等机构，笔者根据内容需要对项目的图纸进行改绘，在此一并表示感谢。书中其他图纸和照片如无特别说明外均为笔者自绘和拍摄。感谢北京林业大学胡泽中同学和东北林业大学潘于乔同学协助制图。

图书在版编目（CIP）数据

郊野公园规划研究 = Country Park Planning in China / 朱江，贾建中，王忠杰著 . -- 北京：中国建筑工业出版社，2024. 11. -- ISBN 978-7-112-30569-8

Ⅰ. TU986.62

中国国家版本馆 CIP 数据核字第 2024LX2240 号

责任编辑：兰丽婷　杜　洁
责任校对：李美娜

郊野公园规划研究

Country Park Planning in China

朱　江　贾建中　王忠杰　著

*

中国建筑工业出版社出版、发行（北京海淀三里河路 9 号）
各地新华书店、建筑书店经销
北京海视强森图文设计有限公司制版
北京中科印刷有限公司印刷

*

开本：787 毫米 ×1092 毫米　1/16　印张：12　插页：4　字数：238 千字
2024 年 12 月第一版　2024 年 12 月第一次印刷
定价：**58.00 元**
ISBN 978-7-112-30569-8
（43988）

图 6-1 城门郊野公园平面图

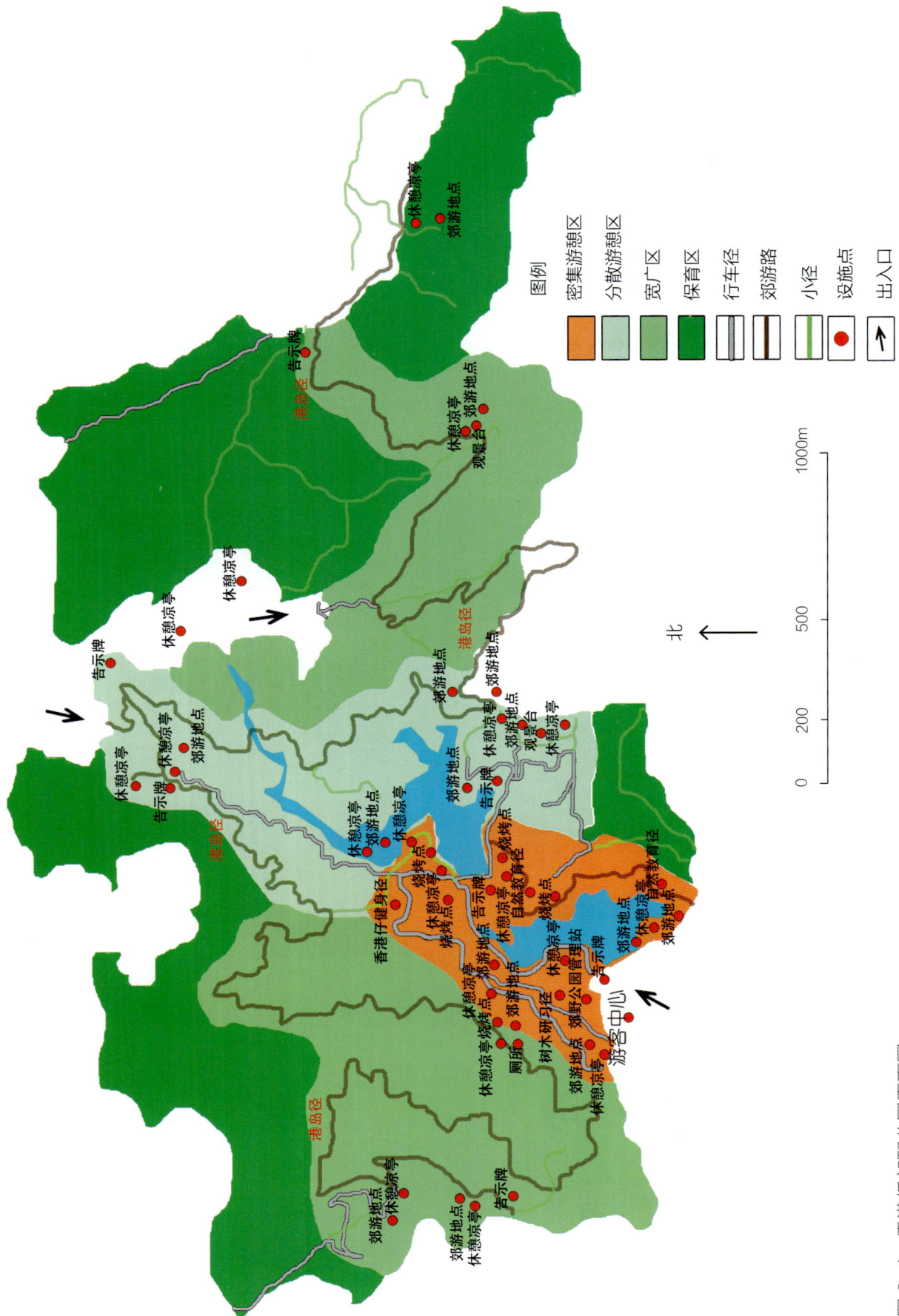

图 6-4 香港仔郊野公园平面图

图例

密集游憩区
分散游憩区
宽广区
保育区
行车径
郊游路
小径
设施点
出入口

休憩凉亭
郊游地点
告示牌
港岛径
休憩凉亭
观景台
郊游地点
郊游地点
港岛径
休憩凉亭
郊游地点
观景台
休憩凉亭
郊游地点
告示牌
休憩凉亭
郊游地点
烧烤点
休憩凉亭
郊游地点
烧烤点
自然教育点
烧烤点
休憩凉亭
郊游地点
烧烤点
告示牌
休憩凉亭
自然教育径
郊游地点
休憩凉亭
郊游公园管理站
告示牌
休憩凉亭
郊游地点
香港仔健身径
休憩凉亭
烧烤点
烧烤点
休憩凉亭
郊游地点
郊游研习径
树木研习径
厕所
休憩凉亭
郊游地点
郊游地点
休憩凉亭
游客中心
休憩凉亭
告示牌
郊游地点
告示牌
休憩凉亭
港岛径
休憩凉亭
告示牌
休憩凉亭
郊游地点

北

0   200   500   1000m

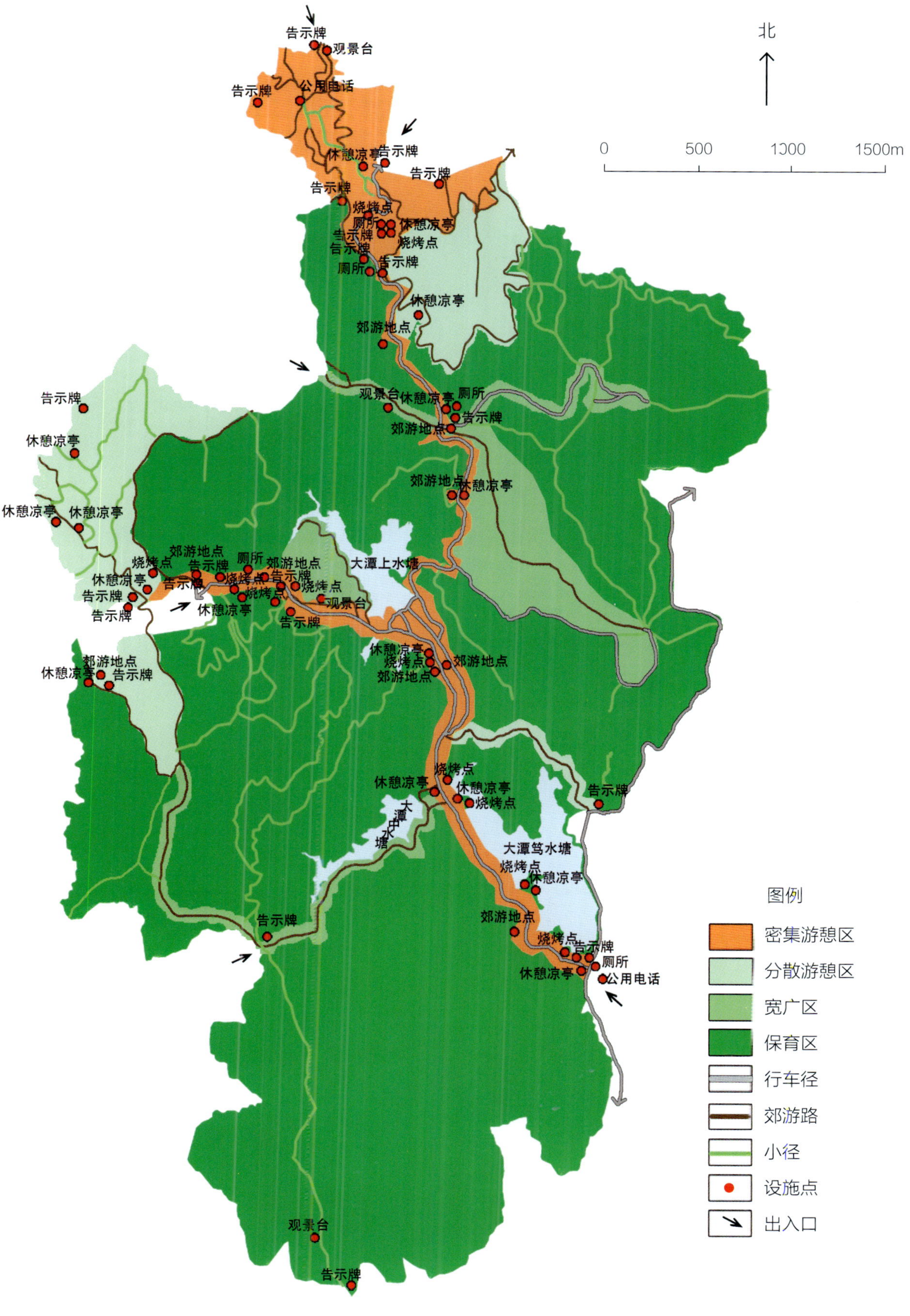

北

0　　500　　1000　　1500m

告示牌
观景台
告示牌　公用电话
休憩凉亭　告示牌
告示牌　告示牌
烧烤点
厕所　休憩凉亭
告示牌　烧烤点
厕所　告示牌
休憩凉亭
郊游地点
观景台　休憩凉亭　厕所
郊游地点　告示牌
郊游地点　休憩凉亭
告示牌
休憩凉亭
休憩凉亭　休憩凉亭
郊游地点　大潭上水塘
烧烤点　厕所　郊游地点
休憩凉亭　告示牌　烧烤点
告示牌　烧烤点
告示牌　烧烤点
告示牌　休憩凉亭　观景台
告示牌
休憩凉亭
郊游地点　郊游地点
烧烤点
郊游地点
休憩凉亭
郊游地点　告示牌
休憩凉亭　烧烤点
烧烤点　休憩凉亭
大潭中水塘
告示牌
大潭笃水塘
烧烤点
休憩凉亭
告示牌
郊游地点
烧烤点　告示牌　厕所
休憩凉亭　公用电话

观景台
告示牌

图例
密集游憩区
分散游憩区
宽广区
保育区
行车径
郊游路
小径
设施点
出入口

图 6-5　大潭郊野公园平面图

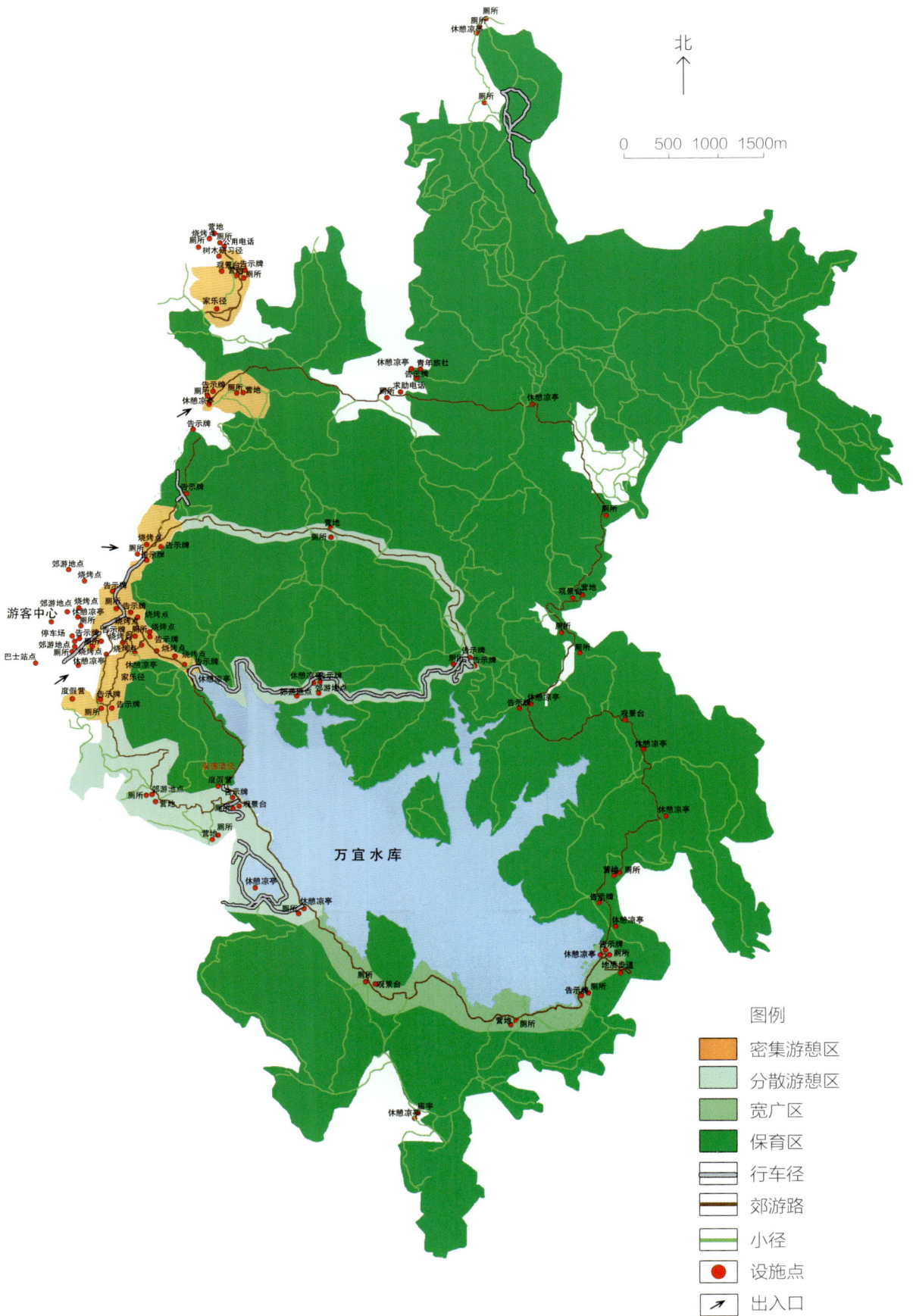

北
↑

0 500 1000 1500m

厕所
厕所
休憩凉亭

厕所

烧烤
厕所
营地
公用电话
树木练习径
观景台 告示牌
家乐径 厕所

休憩凉亭 青年旅社
告示牌
求助电话
告示牌 厕所
厕所 营地
休憩凉亭
告示牌 休憩凉亭

告示牌

厕所
告示牌 营地
厕所

烧烤点
郊游地点 厕所 告示牌 厕所
烧烤点 告示牌
郊游地点 告示牌 烧烤点
游客中心 休憩凉亭 厕所 告示牌
停车场 厕所 告示牌 烧烤点
郊游地点 告示牌 烧烤点
巴士站点 厕所 烧烤点
休憩凉亭 观景台 营地
家乐径 休憩凉亭 郊游地点 郊游地点
度假营 告示牌 厕所 告示牌
厕所 告示牌

观景台 营地

厕所
告示牌
休憩凉亭

告示牌 休憩凉亭

观景台
休憩凉亭

度假营
郊游地点 告示牌
厕所 观景台
营地 厕所

休憩凉亭

休憩凉亭
厕所

万宜水库

营地 厕所
告示牌
休憩凉亭
告示牌 厕所
休憩凉亭 厕所 地质步道
告示牌 厕所

厕所 观景台
营地 厕所

休憩凉亭 厕所

图例

密集游憩区
分散游憩区
宽广区
保育区
行车径
郊游路
小径
● 设施点
↗ 出入口

图6-7　西贡东郊野公园平面图

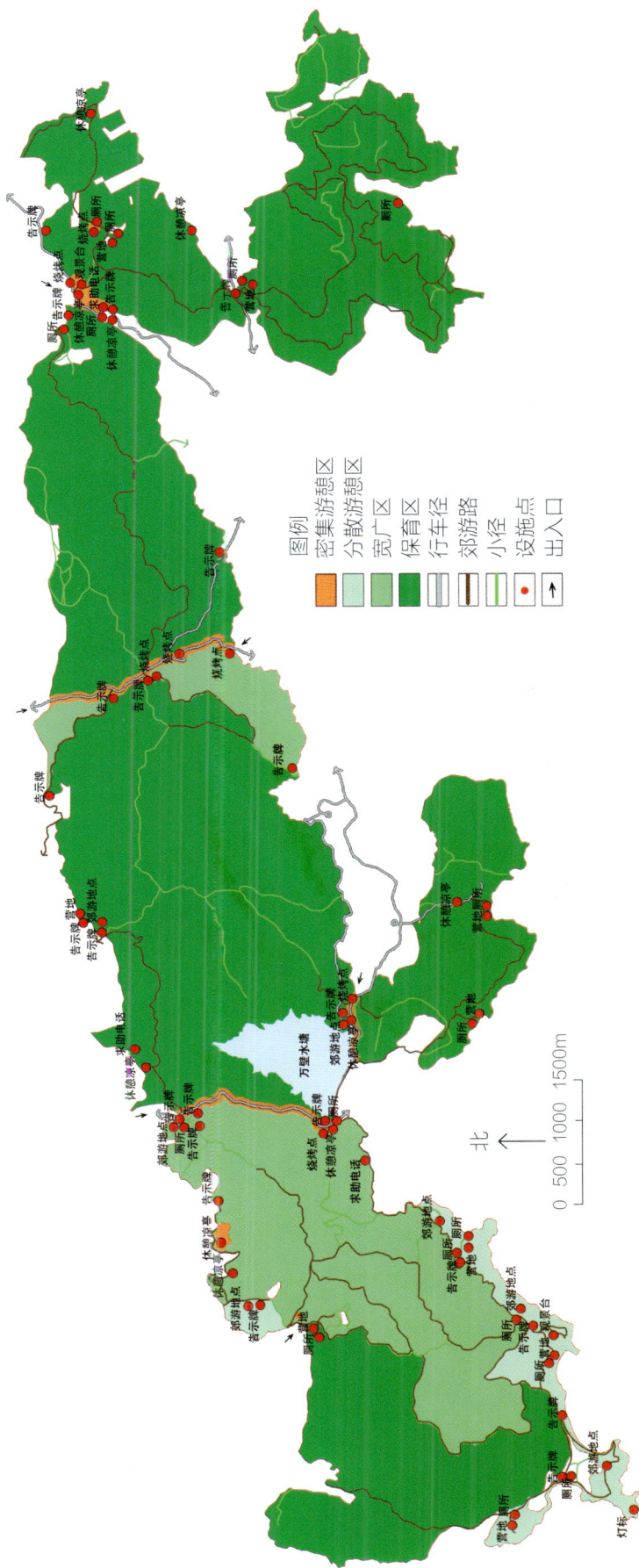

图例
- 密集游憩区
- 分散游憩区
- 宽广区
- 保育区
- 行车径
- 郊游路
- 小径
- 设施点
- 出入口

北
0 500 1000 1500m

图6-9 南大屿郊野公园平面图

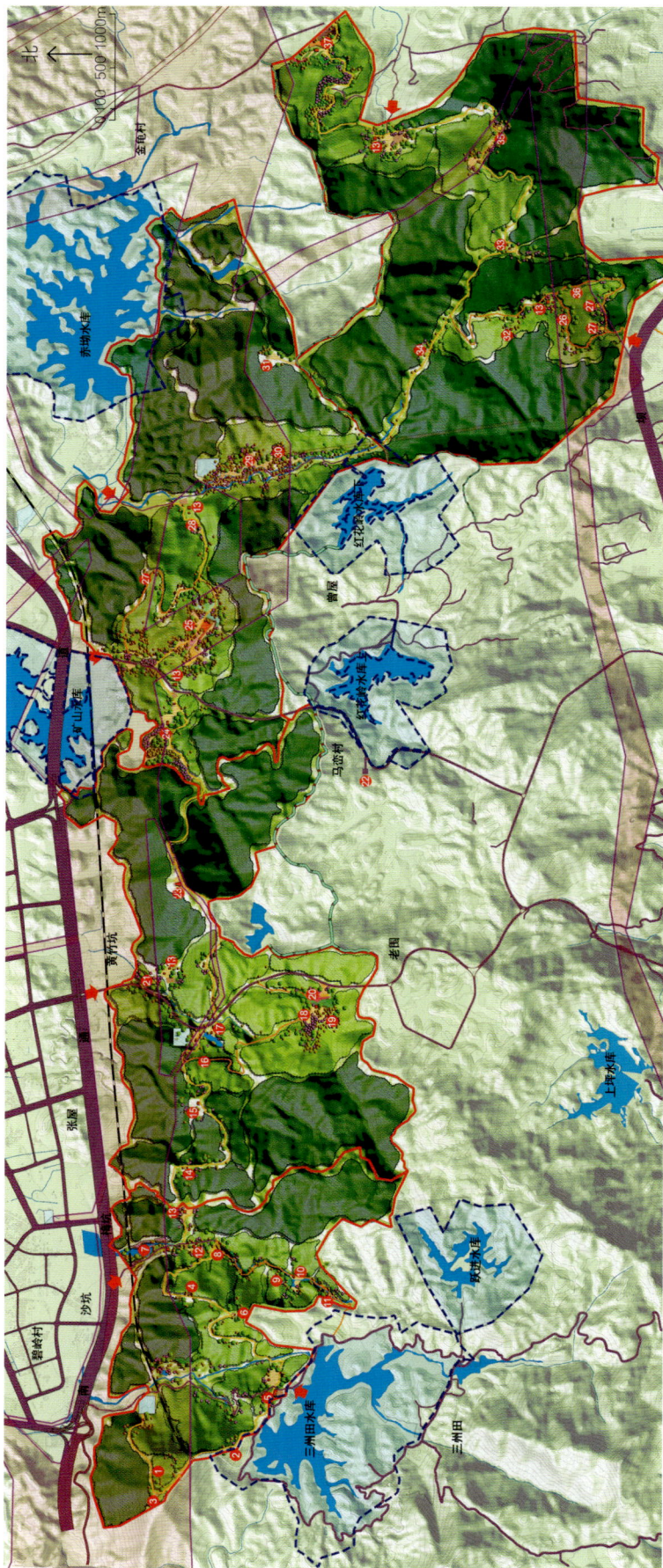

图 6-12 马峦山郊野公园平面图

① 打旗岭竹韵　⑥ 珠旗岭观望台　⑪ 观景亭　⑯ 枫绿桥赏景　㉑ 苗圃　㉖ 林间栈道　㉛ 瞭望台　㊱ 森家探林
② 远足休息站　⑦ 花园　⑫ 入口休闲茶室　⑰ 水边茶室　㉒ 马峦观景区　㉗ 观景台　㉜ 临风园　㊲ 苗圃
③ 打旗岭观景台　⑧ 登山道入口服务用房　⑬ 护林防火管理站　⑱ 径子沟冶观光　㉓ 马恋醉望塔　㉘ 休息亭　㉝ 幽谧兰台
④ 休息亭　⑨ 龙源湖景　⑭ 休息亭　⑲ 客家古村落　㉔ 纪念植林区　㉙ 自然学习径　㉞ 远足休息径
⑤ 综合管理用房　⑩ 企鹅顶瞭望台　⑮ 企鹅顶酿望台　⑳ 苗圃　㉕ 水保展示点　㉚ 自然认知园　㉟ 观海台

停车场　活动场地　果林　花圃　现状防火道

市政设施用地　规划功能建筑　外部车道　高压走廊　观景台

管理线　景区分界线　内部车行道　主要步行道　次要步行道

主入口　保育林　观光林　水体　水源保护区

森家探林　苗圃　铁路

北
↑

0 100 200 400 600m

A1 人工色叶林
A2 雨水湿地
A3 游船码头
A4 湿地植物景观区
A5 雨水草沟
A6 滨河广场
A7 休闲疏林草坪
A8 2#橡胶坝
A9 有机 殖池
A10 垂钓中心
A11 丹河渔庄
A12 多级人工蓄水湿地
A13 雨水径流湿地

B1 多级人工湿地
B2 生态广场
B3 有机农田
B4 雨水湿地
B5 自然湿地
B6 茶庄
B7 渔家乐
B8 度假村
B9 科普监测站
B103#橡胶坝
B11次生林
B12休闲疏林草坪
B13雨水草勾

C1 水陆码头门
C2 吕祖后
C3 滨河步行街
C4 历史民居建筑
C5 丹湾文化湿地园
C6 丹河口广场
C7 特色商业街区
C8 丹河文化生态馆
C9 丹河生态博物馆
C10 丹河舌水模型湿地
C11 人工河道
C12 北石 古河湿地
C13 观景塔
C14 湿地VIP酒店
C15 观景平台
C16 污水处理厂
C17 设计十字闸
C18 5#溪水坝
C19 6#溪水坝

D1 次生林
D2 景观湿地园
D3 环境教育园
D4 丹河塔
D5 普济寺
D6 设计分水闸
D7 监测站与科普中心

E1 湿地植物展示馆
E2 人工湿地
E3 河湾广场
E4 湿地净化展示池
E5 疏林草地

图 6-21　丹河龙门湿地郊野公园总平面图

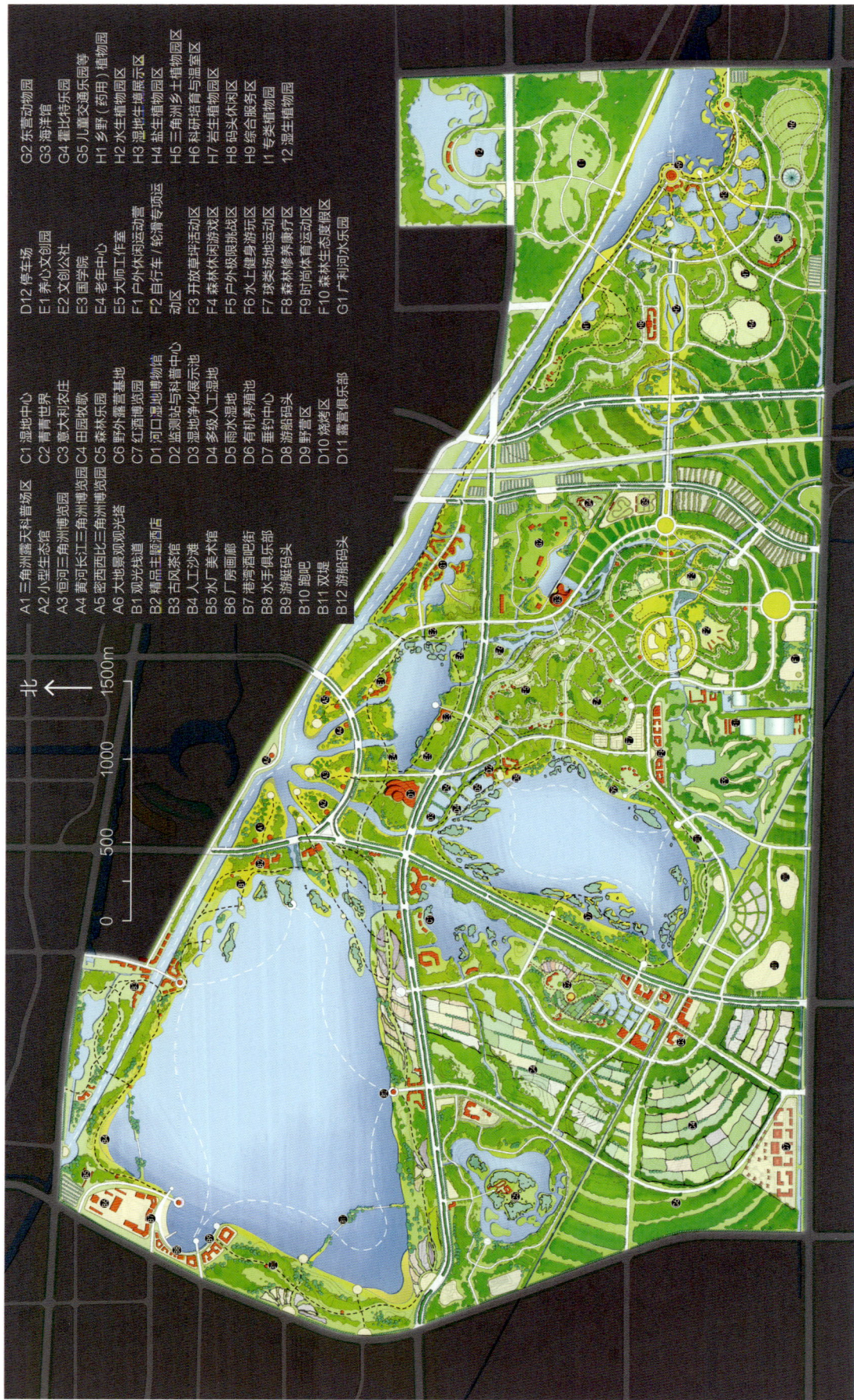

图 6-25 东营市森林郊野公园总平面图

A1 三角洲露天科普区
A2 小型生态馆
A3 恒河三角洲博览园
A4 黄河长江三角洲博览园
A5 密西西比三角洲博览园
A6 大地景观观光塔
B1 观光栈道
B2 精品主题酒店
B3 古风茶馆
B4 人工沙滩
B5 水门美术馆
B6 厂房画廊
B7 港湾酒吧街
B8 水手俱乐部
B9 游艇码头
B10 跑吧
B11 双堤
B12 游船码头

C1 湿地中心
C2 青青世界
C3 意大利农庄
C4 田园牧歌
C5 森林乐园
C6 野外露营基地
C7 红酒博览馆
D1 河口湿地博物馆
D2 监测站与科普示范
D3 湿地净化与展示湿地
D4 多级人工湿地
D5 雨水湿地
D6 有机养殖池
D7 垂钓中心
D8 游船码头
D9 野营区
D10 烧烤区
D11 露营俱乐部

D12 停车场
E1 养心文创园
E2 文创公社
E3 国学院
E4 老年中心
E5 大师工作室
F1 户外休闲运动区
F2 自行车、轮滑专项运动区
F3 开放草坪活动区
F4 森林休闲游戏区
F5 户外极限挑战区
F6 水上运动游乐区
F7 球类场地运动区
F8 森林修养康疗区
F9 时尚体育活动区
F10 广利河水乐园

G1 广利河生态度假区
G2 东营动物园
G3 海洋馆
G4 霍比特乐园
G5 儿童交通乐园等
H1 乡野（药用）植物园
H2 水生植物园区
H3 湿地生境展示区
H4 盐生植物园区
H5 三角洲乡土植物园区
H6 科研培育与温室区
H7 岩生植物园区
H8 码头休闲区
H9 综合服务区
I1 专类植物园
I2 湿地植物园

图6-25 东营市森林郊野公园总平面图